The World of 5G

The World of 5G
Intelligent Home

总顾问 / 邬贺铨　总主编 / 薛泉

5G的世界

智能家居

吴　伟　主编

SPM 南方出版传媒
广东科技出版社 | 全国优秀出版社
·广州·

图书在版编目（CIP）数据

智能家居 / 吴伟主编. —广州：广东科技出版社，2020.8
（2024.6重印）
　（5G的世界 / 薛泉总主编）
　ISBN 978-7-5359-7521-8

　Ⅰ.①智…　Ⅱ.①吴…　Ⅲ.①无线通信—移动通信—通信技术—应用—住宅—智能化建筑　Ⅳ.①TU241-39

中国版本图书馆CIP数据核字（2020）第122897号

The World of 5G
Intelligent Home

智能家居

出 版 人：朱文清
项目策划：严奉强　刘　耕
项目统筹：刘锦业　湛正文
责任编辑：李誉昌　刘锦业
封面设计：彭　力
责任校对：杨崚松
责任印制：彭海波
出版发行：广东科技出版社
　　　　　（广州市环市东路水荫路11号　邮政编码：510075）
销售热线：020-37607413
https://www.gdstp.com.cn
E-mail：gdkjbw@nfcb.com.cn
经　　销：广东新华发行集团股份有限公司
排　　版：创溢文化
印　　刷：广州市东盛彩印有限公司
　　　　　（广州市增城区新塘镇太平洋工业区十路2号　邮政编码：510700）
规　　格：889mm×1 194mm　1/32　印张5　字数100千
版　　次：2020年8月第1版
　　　　　2024年6月第3次印刷
定　　价：29.80元

"5G的世界" 丛书编委会

总 顾 问：邬贺铨

总 主 编：薛　泉

副总主编：车文荃

执行主编：周　善

委　　员（按姓氏笔画顺序排列）：

王鹏亮　朱文清　刘　欢　严奉强

吴　伟　宋国立　陈　曦　林海滨

徐志强　郭继舜　黄文华　黄　辰

《智能家居》

主　　编：吴　伟

副 主 编：黄　辰

编　　委：尚应生　陈嘉琦　罗清松　吕伟龙

赖思良　徐遥令　黄　浩　朱其盛

刘婷芝　李广朋　王玉叶

5G 的世界　智能家居

5G赋能社会飞速发展

　　5G是近年来全球媒体出现频次最高的词汇之一。5G之所以如此引人注目，是因为无论从通信技术本身还是从由此可能引发的行业变革来看，它都承载了人们极大的期望。回顾人类社会的发展历程，技术变革无疑是最大的推手之一。前两次工业革命，分别以蒸汽机和电力的发明为主要标志，其特征分别是机械化和电气化。当历史的车轮驶入21世纪，具有智能化特征的新一轮产业革命呼之欲出，它对人类文明和经济发展的影响将不亚于前两次工业革命。那么，它的推手又是什么呢？相比前两次工业革命，推动新一轮产业革命的不再是单一的技术，而是多种技术的融合。其中，移动通信、互联网、人工智能和生物技术，是具有决定性影响的元素。

　　作为当代移动通信技术制高点的5G，它是赋能上述其他几项关键技术的重要引擎。同时我们也可以看到，5G出现在互联网发展最需要新动能的时候。在经历了几乎是线性的快速增长之后，中国互联网用户数增长速度在下降，移动电话用户普及率接近天花板。社会生活的快节奏激活了网民对短、平、快新业态的追求，提速降费减轻了宽带上网的资费压力，短视频、小程序风生水起……但这些还是很难担当起互联网新业态的大任。互联网的下一步发展需要新动能、新模式来破解这个难题。被看作互联网下半场的工业互联网刚刚起步，其新动能还难以弥补消费互联网动能的不足。目前正是互联网发展新旧动能的接续期，在消费互联网需要深化、工业互联网正在起步的时候，5G的出现正当其时。

5G是最新一代蜂窝移动通信技术，特点是高速率、低时延、广连接、高可靠。和4G相比，5G峰值速率提高了30倍，用户体验速率提高了10倍，频谱效率提升了3倍，移动性能支持时速500km的高铁，无线接口时延减少了90%，连接密度提高了10倍，能效和流量密度均提高了100倍，能支持移动互联网和产业互联网的诸多应用。相比前四代移动通信技术，5G最重要的变化是从面向个人扩展到面向产业，为新一轮产业革命需要的万物互联提供不可或缺的高速、巨量和低时延连接。因此，5G不仅仅是单纯的通信技术，更是一种重要的"基础设施"。

在全社会都在谈论5G、期待5G的大背景下，广东科技出版社牵头组织了这套丛书的编撰发行，面向社会普及5G知识，以提高国民科学素养，适逢其时，也颇有文化传承担当。与市面上已经出版的众多关于5G的书籍相比，这套丛书具有突出的特色。首先，总主编薛泉教授是毫米波与太赫兹领域的专家，近年来一直聚焦5G前沿核心技术的研究，由他主导本丛书的编撰并由其团队负责《5G的世界　万物互联》这一分册的撰写，可以很好地把握5G技术的科普呈现方式。另外，丛书聚焦5G在垂直行业的融合应用，正好契合社会对5G的关切热点。编撰团队包括华南理工大学广东省毫米波与太赫兹重点实验室、广州汽车集团股份有限公司汽车工程研究院、南方医科大学、广州瀚信通信科技股份有限公司、创维集团有限公司等的行业专家，由他们分别主编相应的分册。这套丛书不仅切中行业当前的痛点，而且对5G赋能行业的未来也有恰如其分的畅想，对于期待新技术赋能实现新一轮产业变革的社会大众，将是不可多得的科普书籍。本套丛书首期发行5个分册。

难能可贵的是，本丛书在聚焦5G与其他技术融合为垂直行业带来巨变的同时，也探讨了技术进步可能为人类带来的负面作用。在科学技术的进步过程中，对人性、伦理、道德、法律等的坚守必不可少。在加速推进科技发展的同时，人类的人性主导和思考能力不能缺席，"安全阀"和"刹车"的设置不可或缺。我们需要认清科技的"双刃剑"作用，以便更好地扬长避短，化被动为主动。

5G已经呼啸而来，其对人类社会发展的影响将不可估量。让我们一起努力，一起期待。

（中国工程院院士）

2020年5月

5G是垂直行业升级发展的引擎

众所周知，我们正在逐步迈向一个数字化的时代，很多行业和技术都将围绕数据链条来展开。在这个链条当中，移动通信技术发挥的主要作用就是数据传输。如果没有高速率通信技术的支撑，需要高清视频、多设备接入和多人实时的双向互动等性能的应用就很难实现。5G作为最新一代蜂窝移动通信技术，具备高速率、低时延、广连接、高可靠的特点。

2020年是5G商用元年，预计到2035年左右5G的使用将达到高峰。5G将主要应用于以下7大领域：智能制造、智慧城市、智能电网、智能办公、智慧安保、远程医疗与保健、商业零售。在这7大领域中，预计有接近50%的5G组件将被应用到智能制造，有接近18.7%将被应用到智慧城市建设。

5G的重要性，不仅体现在对智能制造等行业升级换代的极大推动，还体现在和人工智能的下一步发展也有直接的关联。人工智能的发展，需要大量的用户案例和数据，5G物联网能够提供学习的数据量是4G根本无法比拟的。因此，5G物联网的发达，对人工智能的发展具有十分重要的推动作用。依托5G可推进诸多垂直行业的升级换代，也正因为如此，5G的领先发展，成为推动国家科技和经济发展的重要引擎，也成为中美在科技领域争夺的焦点。

在这样一个大背景下，广东科技出版社牵头组织"5G

的世界"系列图书的编写发行，聚焦5G在诸多行业的融合应用及赋能，包括制造、医疗、交通、家居、金融、教育行业等。一方面，这是一项很有魄力和文化担当的举措，可以向民众普及5G的知识，提升国民科学素养；另一方面，对于希望了解5G技术与行业融合发展趋势的业界人士，本丛书也极具参考价值。

这套丛书由华南理工大学广东省毫米波与太赫兹重点实验室主任薛泉教授担任总主编。薛泉教授作为毫米波与太赫兹技术领域的专家，既能把控丛书的科普特色，又能够确保将技术特色准确而自然地融汇到各分册之中。这套丛书计划分步出版发行，首发5个分册，包括《5G的世界　万物互联》《5G的世界　智能制造》《5G的世界　智慧医疗》《5G的世界　智慧交通》和《5G的世界　智能家居》。这套丛书的编撰团队颇具实力，除《5G的世界　万物互联》由华南理工大学广东省毫米波与太赫兹重点实验室技术团队撰写之外，其余4个分册由相关行业专家主笔。其中，《5G的世界　智能制造》由广州汽车集团股份有限公司汽车工程研究院的专家撰写，《5G的世界　智慧医疗》由南方医科大学的专家撰写，《5G的世界　智慧交通》由广州瀚信通信科技股份有限公司撰写，《5G的世界　智能家居》由创维集团有限公司撰写。这种跨行业组合而成的撰写团队，具有很强的互补性和专业系统性。一方面，技术专家可以全面把握移动通信技术演变及5G关键技术的内容；另一方面，行业专家又能够准确把脉行业痛点、分析各行业与5G融合的利好与挑战，围绕中

心切中肯綮，并提供真实生动的案例，为业界同行提供很好的参考。

这套丛书的新颖之处，除了生动描述5G技术与行业融合可能带来的巨大变化之外，对于科技的高歌猛进可能给人类带来的负面影响也进行了探讨。在高科技飞速发展的今天，人性、伦理、思想不应该缺席，需要对技术进行符合科学和伦理的利用，同时设置必不可少的"缓冲垫"和"安全阀"。

（中国科学院院士）

2020年7月

5G 的世界　智能家居

第一章

智能家居的前世今生

一、智能家居的发展历程

（一）十年走来十年相伴的智能家居

1933年，在芝加哥世博会上，参展的机器人"Alpha"向人们介绍家庭自动化理念，这是智能家居的概念首次以"未来之家"的名称出现在人们的视野中。在随后的1950年，一位名叫Emil Mathias的美国机械天才通过机械工具等将自己的家改造为"按钮庄园"，首次将实体智能家居变为现实，并进一步提出智能家居全覆盖的理念。1957年，为了推动智能家居的发展，帮助人们理解智能家居的概念，孟山都公司与迪士尼共同提出设想并建造了孟山都未来之家。1983年，美国佛罗里达州基西米的仙纳度屋开始对外开放，这一建筑的房屋照明系统、房屋安全系统等都由计算机控制，为早期智能家居创造了良好的开端。

2000年以前，智能家居领域处于概念形成期，整个行业处在一个概念熟悉、产品认知的阶段。在此期间，智能家居只有零星的概念和产品出现在人们的视野中，但是受制于技术水平和生产能力，这一时期并没有出现专业的智能家居生产厂商，大多相关产品无疾而终。

1. 国内智能家居市场的"星星之火"

直到2000年以后，智能家居市场才开始从零星的国内代理等渠道引进一些国外相对成熟的智能化产品，此时也是智能家居的蓄势发展期。国内的一些商家看到智能家居市场需求增长带来的商机，便在深圳、杭州、上海等多个城市先后成立了多个智能家居研发团队和生产企业。随着商家对智能家居市场探索的不断深入，智能家居市场营销和生产技术体系在国内逐渐得到发展和完善。

2005年，国内智能家居概念渐热，智能家居领域的生产制造企业迎来第一波发展浪潮，从智能家居领域细分出来的家庭安防系统、家庭智能灯控系统等市场逐步形成并得到发展。这一阶段是智能家居市场探索期，但是由于智能家居市场管理体系尚未完善和商家的恶意竞争，部分商家夸大智能家居产品的实际功能，而忽略对代理商的培训，导致行业用户和大众媒体开始质疑智能家居的实用性。同时，受制于当时的技术条件和厂商实力，智能家居市场开始出现增长减缓和部分销售额下降的现象。由此这批国内最先出现的智能家居市场的"星星之火"开始慢慢淡出人们的视野，成为市场野蛮生长过程中的牺牲品。

直到2008年，智能家居市场出现了另一发展趋势，许多有着较高知名度的品牌看到智能家居市场的空缺，开始着力于打造延伸智能家居产品线与相关的新业务板块，智能家居发展由此进入厂商关注期。

2. 拥抱智能家居发展大时代

自2011年以来，物联网技术的发展为智能家居行业带来更多可行性，以研究智能单品为代表的创新研究团队层出不穷，使得智能家居领域进一步进入技术沉淀期。随着技术水平的提高以及各种品牌之间的良性竞争，一些智能单品开始以亲民的价格出现在市场上，在很大程度上降低了普通用户体验智能家居产品的门槛，各种App的应用和Wi-Fi的普及也提高智能家居产品的易用性，智能家居市场增长势头明显。由此，在全新互联网时代下，以提高产品易用性为目的智能家居市场的序幕逐渐被拉开，智能家居行业重新以崭新的姿态开始出现在用户面前。

2014年，得益于物联网的发展，智能家居开始快速发展，"生态圈"也一跃成为智能产品行业热词，在技术沉淀期产生的技术标准和协议开始互通和融合，更多知名企业在此基础上开始追求智能单品的生态圈构建。智能产品生态圈通过系统化思维，将智能单品整合为一个控制系统，方便用户管理，从而解决智能家居碎片化的问题，并在系统化的基础上实现场景化，达到家庭生活场景智能化的目的，提高用户体验。小米公司作为其中的佼佼者，依靠生态链体系，凭借低廉的产品价格、相对可靠的产品质量和易用的交互App崭露头角，成为了物联网领域的先锋，获得了消费者的青睐。

（二）智能家居的本质

了解智能家居概念和产品的发展历史之后，在我们探讨智能家居未来发展前景之前，还需要重新从智能家居的定义出发，深入了解智能家居的本质。

智能家居又名Intelligent Home或者Smart Home，是指将包括家电设备、通信设备及家庭安防设备等在内的一系列与家庭信息相关的设施，通过网络通信技术、自动控制技术及家庭总线技术连接到一个可以进行信息交互的家庭智能集成系统上，通过集成系统控制相关家庭设备。目的是以系统实现自动控制机器设备代替人们的双手，将人们从日常家居生活中的琐事中解放出来，从而提高人们家居生活的便利性和安全性，满足人们对于家庭居住舒适度的要求。同时通过集成系统将获取的家庭相关数据信息进行处理，智能控制家庭设备运行时段和功率，进一步推动节能环保的居住环境的构建，提高智能家居行业对人类和整个社会的贡献。

从自动控制工作角度，智能家居可以细分为4个部分，即家庭自动化、家庭网络、网络家电及信息家电。这4个部分既各司其职又相辅相成，共同为实现智能家庭生活做出相应的贡献。

家庭自动化是智能家居最重要的组成部分。它通过分析、处理家庭相关数据信息，将获取的信息使用微电子处理技术集成控制家庭灯光系统、家用安防系统，以及温度控制系统等家庭设施系统的运行。家庭自动化作为控制网络部分，在以自动控制为核心技术的智能家居系统中发挥着重要作用。

家庭网络是指在家庭范围内将家用电器设备与广域网相连接的一个技术。家庭网络主要使用的连接方式包括"有线"和"无线"两种。与传统网络不同的是，家庭网络加入很多只能在家庭环境中使用的产品设置和系统，具有一定的特殊性。

网络家电是指通过使用数字技术、网络技术以及家用自动控制技术等先进技术对传统普通家电加以改进，使其成为一种满足人们日常生活便利需求和可接入智能家居系统的新型家用电器设备。

信息家电是指能够通过网络在智能家居系统中完成提供家居环境信息、进行信息交换或者自动处理环境信息等工作的家电产品。与网络家电相似，信息家电同样需要依靠通信设备连接到智能家居系统。严格来讲，网络家电包括信息家电，常见的信息家电包括电视、机顶盒、计算机等具有类似信息处理方式的家电设备。

智能家居这4个部分共同作用组合成智能家居系统整体，为人们的家居生活带来便利。以家庭网络为基础实现网络家电和信息家电设备的交互操作的智能家居，其最终目的是提高人们日常家居生活的便利性、安全性和舒适性。因此，在智能家居系统的设计过程中，只有做到了解用户习惯，完成信息家电设备的信息共享，实现自动计算不同条件下人和环境需求的变化，以及设备交互操作等，才能设计出提升家居生活质量的智能家居系统。

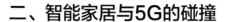

二、智能家居与5G的碰撞

（一）智能家居蕴含的核心技术

1. 人工智能

（1）人工智能与5G的融合助力智力升级。

人工智能（Artificial Intelligence，AI）包含推理能力、知识表达能力、规划能力、学习能力、自然语言处理能力、感知能力、运动与操控能力、情感表达能力等，AI作用在智能家居的场景下，最常见的莫过于自然语言处理能力、规划能力、感知能力等，实现这些能力的技术构建了基于语音识别、人脸识别的应用。随着5G的到来，高速率、低时延、广连接的网络将极大地改善在智能家居场景下语音识别、人脸识别的响应体验。如现有环境下语音识别的网络流程，从阵列麦克风的前端采集到互联网服务的请求结果，再到第三方服务的获取及界面的反馈，整个网络链是比较长的，而其中较大的延迟出现在网络数据的传输过程中。5G的到来将会改变体验上的不足，使得在这种场景下的智能家居体验有一个质的飞跃。

AI的概念、算法和模型日新月异。从20世纪50年代末概念的提出到21世纪的应用，AI经历过多次科技浪潮的起伏。在智能家居领域，AI技术的应用非常广泛，家庭辅助机器人、自然语音识别、图像识别等AI技术给现代家居生活带来了全新的变化。可以看到，随着5G技术的推广，更多有趣的AI技术使用场景将融入家庭环境，使得家居生活更加的"智慧"。

在21世纪的第二个十年里，世界快速地从个人计算机（personal computer，PC）时代进入移动时代。智能手机、4G高速网络的发展又催生出了微博、微信等新一代媒体传播工具和通信工具。云技术的快速发展也让个人、企业越来越多地选择将自身产生的数据"上云"。在大数据时代背景下，2016年美国谷歌公司研发的AI围棋机器人"AlphaGo"分别击败韩国棋手李世石和中国棋手柯洁，移动互联网的新媒介使得这个带有浓烈科技色彩的信息快速传播到各个阶层，吸引了各国科技人才、资本及政府的注意。中国已颁布了国家层面的AI发展政策，如图1-1所示。可以说，近几年无论是在政府层面、资本层面还是在民间层面，AI技术都迎来了重大的发展机遇。

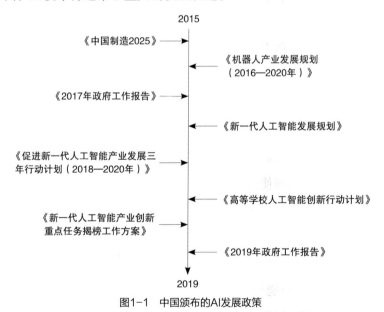

图1-1　中国颁布的AI发展政策

（2）人工智能与5G的融合助力智能家居飞跃发展。

随着智能家居和应用场景的不断丰富，智能家居互联互通设备数量将爆发式增长，庞大的数据交互、数据运算需要稳定、高速、低时延的网络来保障智能设备最佳的交互体验。但是由于目前Wi-Fi、4G等网络的交互时延达到百毫秒、物联网（internet of things，IoT）设备接入数量也有限，智能设备的扩展能力会受到限制。5G的诞生能有效解决这些难点。5G有3大重要特点，即高速率、低时延、广连接。5G在小范围内支持大规模智能设备互联交互，同时5G网络将使智能设备语音、图像交互时延降至仅约10ms，远快于人的反应速度，这给用户带来了良好的体验。高速率、低时延的5G让人与智能家居间的交互变得更简单、更自然。AI技术与5G融合，使智能家居交互技术的发展有了质的飞跃。

回顾智能家居交互技术的发展历程，我们发现人与智能设备之间的最直接的沟通方式就是采用AI语音与AI图像进行交互。随着信息技术的发展，特别是物联网的出现，智能语音、图像技术已经成为人们获取信息和沟通最便捷、最有效的手段。

在AI技术的赋能下，智能语音、图像技术成为智能家居中最重要的交互手段和使用场景。智能语音、图像技术作为一种新形态的交互方式，未来在家庭中将不可或缺。而电视作为家庭客厅的主导，在电视的设计和研发中加入AI语音和AI图像技术，势必为智能家居的交互提供更大的便利。

（3）人工智能与智能家居交互的关键技术。

AI与智能家居交互的关键技术包括AI智能语音技术和AI图像

交互技术。

①AI智能语音技术。

什么是智能语音技术呢？简单地讲，就是人和物之间的对话；专业点讲，就是人机语言的通信，包括语音识别技术和语音合成技术。语音助手是人工智能应用的具体表现，随着语音识别技术的发展，越来越多的电子产品都配备语音助手。在电视产品中，智能语音技术已被广泛应用，电视作为家庭的智能控制中心，需要全时段支持控制功能。全时AI语音交互技术实现了电视不管是在开机状态还是在待机状态，都能接收语音控制命令，实现用户的控制行为。

电视全时AI语音交互技术要求在不使用语音遥控器的情况下，基于内置在电视整机内的语音采集模块实现声音采集，在开机与待机时都能实现AI语音交互。全时AI电视系统框架如图1-2所示。

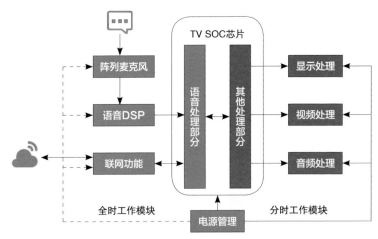

图1-2　全时AI电视系统框架

全时AI语音交互实现流程如图1-3所示。电视处于AI待机模式时，当语音输入"我要看×××电影"的命令时，阵列麦克风获取声音命令，通过电视中央处理器（Center Processing Unit，CPU）实现声音的模拟与数字的转换，然后封装成数据包上传到云端语音识别服务器。通过基于云计算的语义识别技术，将数据包解析成语音命令再回传给电视，电视调用本地硬件接口，开启显示功能，进入播放模式。

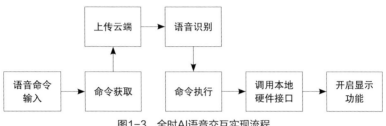

图1-3　全时AI语音交互实现流程

②AI图像交互技术。

AI图像交互技术是指利用计算机对图像进行处理、分析和理解，以识别各种不同模式的目标和对象的技术，其原理流程图如图1-4所示。

图1-4　AI图像交互技术原理流程图

图像获取：为了使计算机能够对各种现象进行分类识别，首先要利用各种输入设备将待识别对象的信息输入计算机。通过测量、采样和量化，用矩阵或者向量来表示待识别对象的信息。

数据预处理：去除噪声，加强有用的信息，并对输入测量仪器或其他因素所造成的退化现象进行复原。

特征提取和选择：由于待识别对象的数据量可能相当大，为了有效地实现分类识别，就要对原始数据进行某种变换，以得到最能反映分类本质的特征。

分类决策：利用获得的信息对计算机进行AI训练，从而制定判别标准，把待识别对象归为某一类别。

分类器设计：为了能使分类器有效地进行分类决策，必须首先对分类器进行训练，即分类器首先要进行学习。研究机器的自动识别，对分类器进行训练，使它具有自动识别的能力，这尤为重要。

电视通过摄像头截取图像，AI图像识别技术识别出图像的内容，从而做出不同的响应。例如当内置在电视上的智能摄像头截取到老人和小孩的图像时，电视会结合AI场景识别技术，自动对画面进行亮度、音量等操控，为老人、小孩量身定制视听模式。

2. 面向5G的数据采集技术

数据采集技术提供多种手段让用户得知家庭中的信息情况。然而，在传统的家居中，由于传感器部署的数量及产生的数据较少，往往利用Wi-Fi等低带宽的方式进行通信。随着科技的进步和市场需求的增加，越来越多的传感器开始应用于智能家居领域，它们在环境判断和系统控制中起着越来越重要的作用。随着传感器数量的增加，智能家居对数据传输的要求也更高，而低带宽的通信方式已无法满足未来智能家居的发展。5G技术可以提供更快的传输速度和更多的接口，满足智能家居对海量数据信息采集的传输要求。5G技术通过将高清摄像头、智能门锁、空气监测、人脸识别等传感器接入5G网络，可以让用户随时随地了解家庭情况。

（1）形形色色的传感器。

传感器本质上是一种检测仪器，可以根据某种规则检测要测量的信息，并将检测到的信息转换为电信号输出，然后进行下一步的信息传输、处理、记录、控制、存储或显示等。智能家居中的传感器主要有六大类（图1-5），包括气体传感器、颗粒物传感器、人体感应传感器、安防传感器、环境传感器和其他传感器。

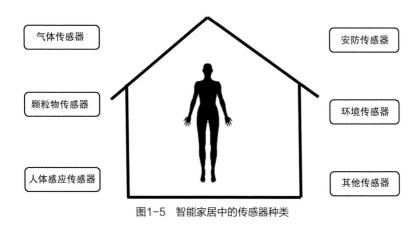

图1-5　智能家居中的传感器种类

①气体传感器。

气体传感器是一种将气体信息转化成对应电信号的转换器，通常作为安全系统的一部分，用于检测气体泄漏或其他气体排放物。气体传感器与控制系统连接，可以实现自动通气、换气的功能。气体检测器可以根据操作机制分为多种类型，如图1-6所示。

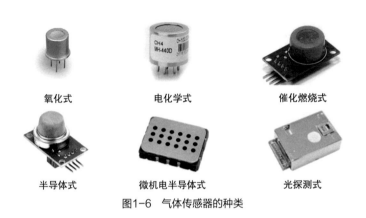

氧化式　　　　　　　电化学式　　　　　　催化燃烧式

半导体式　　　　　微机电半导体式　　　　光探测式

图1-6　气体传感器的种类

②颗粒物传感器。

颗粒物传感器用于检测空气中的悬浮颗粒物。空气中有多种悬浮颗粒物，按大小可划分为细颗粒（粒径0.1~2.5μm）、中颗粒（粒径2.5~10μm）和大颗粒（粒径10~30μm）。悬浮颗粒物对身体健康有重要的影响，颗粒物的直径越小，进入呼吸道的部位越深。直径为2μm以下的颗粒物可深入细支气管和肺泡，进入血液，颗粒物在血液和血液循环中扩散，导致心血管疾病、呼吸系统疾病和肿瘤等疾病的发生率更高。

基于颗粒物光散射原理的光学仪器已用于$PM_{2.5}$的测量，家用型光学颗粒物传感器如图1-7所示。家用型光学颗粒物传感器不但具有尺寸较小和成本较低的优势，而且其线性和精度在特定条件下可以维持在较高的水准。

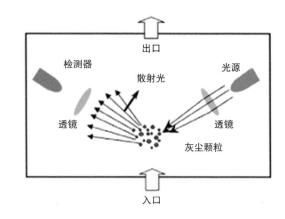

图1-7 家用型光学颗粒物传感器

③人体感应传感器。

人体感应传感器包含一系列用于检测空间区域中人体存在的技术。人体感应传感器的多种用途如图1-8所示，常见的人体感应传感器技术如表1-1所示。检测家庭环境中人的状态是智能家居设计的重要方向，创建一个能够对居住在其中的人做出反应的家庭环境，正在成为智能家居系统的核心。人体感应传感器常见的应用领域包括家庭呼救、家庭防盗等。

红外感应　　超声波感应　　人体形状图像识别　　压敏感应　　无线电定位

图1-8 人体感应传感器的多种用途

表1-1 常见的人体感应传感器技术

传感器的种类	感应技术	优点
红外感应	通过红外传感器采集技术，结合一定的识别算法，筛选出人体温度范围的图像，判断区域是否有人员，并判断人员所处的位置	保护用户隐私
超声波感应	通过超声波定位技术，判断超声波回声信息，从而判断人员所处的位置	价格低廉
人体形状图像识别	通过图像传感器采集技术，结合一定的智能算法，判断所拍摄区域是否有人员，并判断人员所处的位置	易于升级
压敏感应	通过压力传感器采集技术，判断地板上的压力变化，识别出人员所在范围	隐藏式，易于分析数据
无线电定位	类似于超声波感应技术，通过无线电（雷达）探测技术，判断区域是否有人员，并判断人员所处的位置	定位精确

④安防传感器。

主要的安防传感器设备有图像传感器和摄像头，它们以拍摄照片的方式来实现安防功能。图像传感器是一种将光学图像信息转换成电子信号的传感器，是数字摄像头的重要组成部分。随着技术的发展，电子和数字成像逐渐取代化学和模拟成像。目前的图像传感器主要采用半导体图像传感器，分为CCD（charge-coupled device，电荷耦合器件）传感器和CMOS（complementary metal oxide semiconductor，互补金属氧化物半导体）传感器两种。它们都是基于MOS（metal oxide semiconductor，金属氧化物半导体）技术的传感器，而其中MOS电容器是CCD传感器的基础，MOS场效晶体管是COMS传感器的基础。

⑤环境传感器。

家庭中的环境传感器的主要组成部分为温度传感器，而消费者级别的商用温度传感器中最常用的是热敏电阻。

热敏电阻是利用金属或半导体的电阻率随温度显著变化这一特性而制成的一种热敏元件，其特点是电阻率随温度而显著变化。热敏电阻的温度系数有正有负。按温度系数的不同，热敏电阻可分为正温度系数（positive temperature coefficient，PTC）热敏电阻、负温度系数（negative temperature coefficient，NTC）热敏电阻和临界温度系数（critical temperature resistor，CTR）热敏电阻3种类型。热敏电阻被广泛用作温度传感器（通常采用NTC热敏电阻）、自复位过流保护器、自动恒温加热元件（通常采用PTC热敏电阻），以及控温报警器（通常采用CTR热敏电阻）。

（2）无线传感器网络在5G智能家居的应用。

在智能家居应用中，传统的有线传感器存在一些局限性：与总线相连的传感器价格昂贵，导致传感器组网的成本巨大；在一些家庭区域布线较为困难；不同类型的传感器和控制系统的软硬件之间协议不兼容。随着无线传感器网络技术的不断发展和成熟，基于无线技术的传感器产品已经开始凭借其优势逐渐取代传统的有线传感器。在未来的技术发展中，伴随5G技术的普及，传感器通过5G技术可以更方便地接入互联网，让用户可以更加便捷地实现对家庭的控制。

无线传感器网络通常由传感器节点、接收器节点和管理节点组成。传感器节点是无线传感器网络中最基本的单元，根据测量的目的分布在监测区域。传感器节点需要通过统一的网络规则或通信方法与其他节点通信，以形成一个完整并且健全的无线传感器网络。无线传感器节点结构由4个部分组成：传感器、微处理器单元、无线通信模块和电源模块，如图1-9所示。

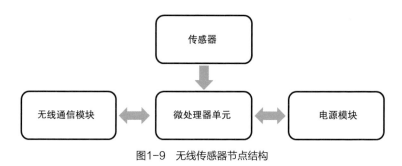

图1-9 无线传感器节点结构

在未来的智能家居中，5G技术支持的无线模块及传感器网络将彻底地改变家庭的传感器网络；在未来智能家居可以实现的人性化应用中，以5G支持的传感器网络的采集能力必将超越人们可以感知的一切，并为人们提供更加舒适、安全、便捷的生活体验。

3. 5G时代的物联网

（1）5G与物联网互联技术的关系。

5G的普及将会极大地提升广域网中信息传递的速度，但是5G并不能解决设备互相识别的问题。物联技术作为设备识别技术的补充，能够实现智能家居场景下设备的互联，辅助5G完成网络末端部分的智能家居工作。

随着科学技术的发展，特别是互联网带来的信息技术革命的不断深入，人与人之间的互相通信再也不会受到时空的限制。于是就有人想利用互联网技术让人与物之间也能够跨越时空的阻隔进行"交流"。物联网就是这样一个系统：能够为人、计算机、机械设备、数字设备、动物、物品等提供唯一的标识，并使人与物、物与物之间可以通过有线或者无线的方式进行识别及数据传输。在5G到来之后，由于设备终端与互联网的通信管道变得无比宽广，接入互联网的设备终端可以实现指数级增长。

近些年在国内外火热的"智能家居"概念，就是物联网技术在消费电子领域的应用。比如海外有谷歌公司的Google Home、苹果公司的HomeKit、亚马逊公司的Echo等以智能音箱或者手机作为智能家居的生态入口的物联网系统和产品；国内也有华为公司的HiLink、海尔公司的U-home、美的公司的美居、创维公司的Swaiot、小米公司的米家等以各自主营产品作为智能家居生态入口的物联网系统和产品。可以看到，这些生态入口都有大流量、低时延、广连接支撑的要求，这些对于信息"管道"的需求，刚好都符合5G的技术特性。如果生态入口与5G结合，将会发生"化学反应"，这会极大地提升用户的体验。

（2）5G带来物联网技术的新变化。

5G+物联网的应用覆盖了消费电子、贸易、工业和医疗器械等领域，其中消费电子领域的应用最广为人知，比如共享单车、智能家居、可穿戴设备、健康医疗设备等带有远程控制功能的设备。特别是在智能家居领域，越来越多的传统家电已与互联网相连接，这些智能化的传统家电构成智能家居的重要组成部分，改变了原本家电所被人认知的静止和被动的属性。这些智能设备具备提供全方位的信息交换功能，帮助家庭与外界保持高效、流畅的实时交流，在很大程度上提高了人们的工作、生活效率，节约了生活成本，进而全方位提高人们的生活质量。在2015年之后，市场上出现了大量直连互联网的传统家电，这些设备在家庭网络环境中的拓扑结构如图1-10所示。

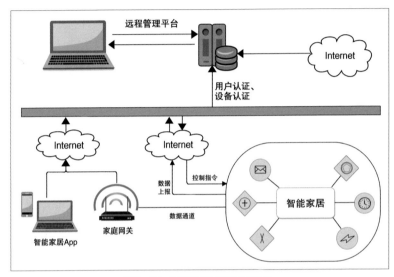

图1-10　新型智能家居网络拓扑

与传统的智能家居网络结构相比，新型智能家居网络拓扑去掉了家庭控制中心这个环节，而与家庭网关之间也仅仅是作为一个接入互联网的数据通路。家庭网关只作为数据入网的通道，不会对数据进行解析与处理，所有的设备直接与云端的服务器进行数据信息的交换。这就要求云端满足几个特性：①具备灵活性和拓展性，能够支持不同类型的智能设备甚至是相同类型不同功能的智能设备直接接入云端服务器；②具备可读性，能够对接入的设备数据进行解析和操控，能够用数据工具对采集到的大数据进行清洗和加工，用于云端智能化的理解。

可以说，5G+物联网对现代生活的影响是巨大的，也给通信行业、制造业、软件行业、互联网行业等的发展带来了新的想象空间，这也是很多高科技企业将"AI+IoT"作为企业新的发展方向的原因。对通信行业来讲，"智慧小区""智慧城市"将会带来海量设备接入的需求，这对通信信号的覆盖提出了更高的要求；对传统硬件制造企业来讲，需要增强"软实力"来应对各种不同应用场景下对设备的智能化诉求；对软件行业来讲，需要增加对硬件的理解，在提供给行业的智能化解决方案中组合各种不同的硬件连接能力；对互联网行业来讲，面向物联网可以提供稳定、可靠的海量设备互联网服务接入技术。物联网给这些传统的或高科技的行业带来了新的发展方向。万物互联的未来，一切从连接开始。

（3）5G带来物联网技术的新升级。

基于5G的智能家居，网络末端在落地过程中，仍然需要同短距离互联通信技术相配合，将来自5G网络的控制信号转化为更适合网络末端设备的互联协议，完成"最后一百米"的工作。

与物联网相关的短距（0~100m）无线连接协议当中，常见的协议有蓝牙、Li-Fi（可见光无线通信）、NFC（近场通信）、RFID（射频识别）、Wi-Fi、ZigBee、Z-Wave等。

广域网下的低功耗互联技术，与5G技术有不同的应用场景，若探讨在智能家居领域下的长距离广域网无线连接技术，则不能不提到NB-IoT与LoRa。其中，NB-IoT随着5GPPP（5GPPP是欧盟成立的5G研究组织）标准的制定，也出现了5G-NBIoT的规范，该协议主要面向对功耗有严格要求的广域网设备。这些设备对通信管道的要求并非大流量，而主要是低时延、低功耗。LoRa比NB-IoT诞生得早些，2013年8月，Semtech公司向业界发布了一种新型的基于1GHz以下的超长距低功耗数据传输技术（Long Range，简称LoRa）的芯片。LoRa主要在全球免费频段运行（即非授权频段），包括433MHz、868MHz、915MHz等。LoRa网络主要由终端（内置LoRa模块）、网关（或称基站）、服务器和云4部分组成，应用数据可双向传输。NB-IoT使用蜂窝频谱网络，并针对频谱效率进行优化，频段使用的许可费用非常高，而且也仅限于少数运营商。当然，LoRa目前由于采用的是免费频段以及公开标准，所以在安全性上受到了一定的质疑。表1-2是这两种广域网连接技术的特点对比。

表1-2　NB-IoT与LoRa技术指标对比

项目	NB-IoT	LoRa
技术特点	蜂窝	线性扩频
网络部署	与现有蜂窝基站复用	独立建网
频段	运营商频段	150MHz~1GHz
传输距离	远距离	远距离（1~20km）
速率（kb/s）	<100	0.3~50
连接数量	200k/cell	200~300k/hub
终端电池工作时间	约10年	约10年
成本（美元/模块）	5~10	5

随着5G的到来，在网络末端侧的互联技术都会带来新的变化。首先，对采用短距无线协议的终端设备，由于5G的时延更低，数据处理的瓶颈反而出现在嵌入式低性能的处理器上，这就要求这些短距组网和数据传输协议要重新升级，比如Wi-Fi协议标准在近几年开始全面转向Wi-Fi 6，为的就是尽量避免在网络

末端侧出现数据传输的瓶颈。所以，5G对短距无线物联技术发展的推动还体现在上下游硬件企业的升级换代上。

（4）5G与物联网系统的结合。

在操作系统方面，不同的智能设备采用的软件系统会有所差异。基于硬件性能和应用场景的不同，有基于FreeRTOS、RTLinux、Brillo、LiteOS、OpenWrt，以及Android Open Source Project项目移植而来的各种终端操作系统。通常，在这些终端的操作系统当中要实现物联网，需要一套标准的软件框架。一个平台型的物联网终端系统软件框架（图1-11）通常至少应该包含设备层、平台架构协议层以及应用层。

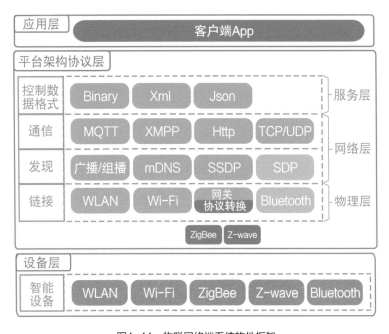

图1-11　物联网终端系统软件框架

其中，设备层需要定义抽象的硬件接口，完成跨操作系统的接口定义；平台架构协议层要完成协议标准转换、设备发现、云端数据通信等软件设计；应用层则要完成在智能设备终端系统上的应用呈现。

企业完成了自身云平台建设之后，即可用于服务自身的物联网系统。更进一步，企业还需拓展云平台的功能，使其具备让第三方云平台接入的能力，实现企业间的数据共享、合作共赢。

（二）智能家居的产品形态

1. 产品智能：一切的基础

产品智能是智能家居行业发展的基础和灵魂。没有智能产品，家居智能化就无所依赖，无从谈起。一个好的智能产品往往代表着人机交互友好的开始，因为人们对智能家居的了解往往是从一个智能产品开始的，它代表了人们对智能家居的最初感觉和体验。

其实智能产品和传统产品之间并没有明确的定义区分，其最明显、最直观的区别就在于智能产品在网络、大数据、物联网和人工智能等的加持下，可以在某一项功能上给用户提供方便，从而在一定程度上让用户的生活变得更加健康、便捷、舒适、安全、节能，即智能产品具有能动地满足人们的某种需求的属性。

例如，智能电视联网后可以进行手势游戏、网络直播、语音选台和选节目、语音调节音量，还可以跟手机进行投屏互动等；智能冰箱联网后，用户可以通过大屏幕刷抖音、听音乐、给家人留言，智能冰箱还可以通过与商城的互通，提供从食材购置到食材管理再到食谱推荐的一体化服务；洗烘一体机、多筒洗衣机，具备App定时预约功能，同时能根据衣物面料、颜色等自动匹配洗涤程序，根据水质硬度选择最佳洗涤时间，还能通过识别洗衣液的浓度来匹配相应的投放量；智能空调可以自动识别当前环境的温度，进行自主调节温度的模式；智能门锁更是支持指纹、密码、人脸识别等多重开锁方式……

未来，智能产品将实现跨越式的发展。据相关预测，智能产品将普遍具有以下几个特点：

①以泛在先进的传感器为基础实现全方位的感知。

②通过物联网、云平台、5G等的深入融合，实现信息的实时获取，保证设备服务的稳定。

③通过大数据、人工智能、芯片的拓展能力，可以让设备具有人的主动思维能力。

2. 场景智能：物联的方向

虽然智能产品往往代表了人们对智能家居的最初印象，但事实上，通过一个智能产品得到的体验往往是单一的、片面的，就像飘落在半空中的一片花瓣，虽有清香，但转瞬即逝，始终无法与整个花园的沁香所带来的感官上的舒适感相提并论。因此真正可以使这些好的产品受到人们青睐的绝佳方式就是场景智能，即通过贴合现实的场景设计，将一些与智能家居相关的好的智能产品融合在一起，按照人们的意愿，为人们提供一整套相应的场景化的服务，进而让人们身临其境地感受到智能家居场景化所带来的独特魅力。

随着5G时代的来临，更低时延、更低功耗、更高带宽的5G

相比4G而言，在场景化服务中将为人们提供更为实时、更为稳定、更为快速的场景化体验。基于5G的家居场景设计成为人们热烈讨论的话题之一，场景智能代表了家居物联的方向，智能家居迎来了发展的黄金阶段。

随着5G技术的商用落地，场景智能将化身为我们家居生活的催化剂和调味剂。它可以根据我们每个人的喜好和各种场景化的需求，结合AI语音和图像识别技术，适时地调度家中相对应的智能产品，为我们营造出一个浪漫而美好的沉浸式氛围，使得一连串的设备动作执行变成一系列看起来自然而然发生的事情。在满足我们家居生活需求的同时，使我们拥有一种"有时白云起，天际自舒卷"的梦幻体验。

（1）场景智能的初级阶段。

在场景智能发展初期，根据最初的不同人群的诉求和感受，场景智能被简单地划分为空间场景和时间场景两个不同的内涵层次。空间场景是指将家中的智能产品按照空间位置去摆放，我们在某个空间内时可凭借自身的喜好触发相对应的设备，使该设备为我们提供相应的服务。时间场景则和空间场景略微不同，它打破了设备所属空间的限制，在我们需要的时候将不同空间的设备串联在一起，为我们带来更为自由、便捷的情景感受。

在我们的生活中，常见的空间场景包括客厅、厨房、卧室、老人房、儿童房等。当夏日炎炎我们在客厅休息时，就可以开启客厅场景（图1-12）。大屏OLED电视播放着最流行的节目，空调保持在最舒适的温度，灯光切换为最惬意的亮度，空气净化器在争分夺秒地吸取着空气中的有害物质，扫地机在默默地仔细清洁着房间的各个角落。

图1-12　客厅场景

刚好这时我们肚子饿了，想去厨房做点吃的，那就可以随时开启厨房场景（图1-13）。冰箱里放着时下最新鲜的蔬菜，电饭煲里煮着香喷喷的米饭，冰箱大屏上显示着今日推荐的菜品名单，洗菜机仔细地清洗着我们选好的食材，油烟机大屏上播放着相对应的菜谱和做饭小视频。

图1-13　厨房场景

天色晚了，我们想要休息了，这时我们就可以随心开启卧室场景（图1-14）。窗帘温柔地舒展开身姿，卧室电视进入了休眠模式，主照明灯、氛围灯、OLED阅读灯的灯光慢慢地暗了下去，小夜灯悄然亮起，发出微弱的暖光，空调温度调得刚刚好，加湿器开始滋润空气，环境变得安静起来，我们也渐渐进入梦乡。

图1-14　卧室场景

"家有一老，如有一宝"，对家里老人的关怀更不能疏忽了。老人房关怀场景如图1-15所示。老人晚上要休息时，墙上的壁纸电视进入休眠模式，床头智能闹钟已设置好了起床时间，空气净化器在默默地工作着，舒适的大床下方安装着智能感应灯带，当老人晚上起夜时，感应灯带会随之亮起，为老人指引方向。

图1-15 老人房关怀场景

（2）5G时代下的场景智能。

场景智能早在4G时代就已经在市场上出现并形成了一定的规模，但一直受限于传输速率和时延问题，只能停留在大型展厅及展会的演示阶段，始终没有得到用户的接受和认可，无法真正地进入千家万户。相对4G而言，5G的传输速率和设备的响应速度均可提升10倍，随着5G技术的商业化进程不断推进，传输速率和时延问题会得到极大改善。这也意味着场景智能必然会在未来落地开花，为人们的生活提供更多的可能。

同时，5G支持更多智能设备的接入，其支持的智能设备数目的上限将得到进一步提升。目前主流家居品牌提供的智能家居样品间里一般最多接入并控制6~8款智能产品，而5G技术的落地，将有希望见证20款以上的智能单品同时接入一个房间并实现流畅控制的盛景，5G技术为场景智能的推广、普及提供了丰沃的土壤。

　　随着智能设备传感器技术的优化升级和5G东风的吹来，场景智能又被赋予了新的含义，它根据设备智能化的程度被人们划分为被动场景智能和主动场景智能。

　　被动场景智能是现阶段市场上常见的场景智能。它不但包括我们前面提到的初级阶段的空间场景智能和时间场景智能，而且其场景的设置方式和启动方式也得到了进一步的扩展。被动场景智能是指我们根据自己的爱好和习惯，通过手机或各种智能终端人为地设置好智能场景，然后通过语音或手势在某个时刻唤醒场景里的设备去执行相应的动作。目前常见的被动场景智能有回家、离家、睡眠、起床、娱乐等。目前市场上很多智能家居厂家也在陆续推出独具特色的被动场景智能服务。

　　主动场景智能相对被动场景智能来说，更自由，更灵活，更体贴入微。主动场景智能是指通过家中多种传感器产生的数据进行自动数据建模，通过模型来识别我们的吃、喝、拉、撒、睡、玩等日常行为，并在识别过程中不断地优化模型，进而实现一些高级精确的自主感知，为我们提供一系列不需要人为设置和触发便悄然执行的情景化服务。如当夫妻两人在家中吵架时，主动场景智能会通过两人的姿态和语气识别出吵架这一情景，然后智能音箱会化身为温柔的调解员，智能大屏电视会变身为智能影册，循环播放往昔温馨的家庭幸福瞬间，智能茶几会自动泡制清香的绿茶来降燥去火，灯光背景也自动调到暖色情调，将冰点的气氛消解。

　　5G和场景智能的发展脉络如图1-16所示，随着5G技术的推广和应用，场景智能会使得家居产品间的互联变得更加顺畅和便捷，它会在提升用户体验的同时，打通不同设备间的数据壁垒，使用户的需求得到更为立体化的关注和整合，从而真正意义上接近并实现万物互联，让智能家居真正地走进千家万户，走入每个人的心中，让我们每个人的生活都变得明媚和梦幻起来，从而让我们拥抱更加美好的未来。

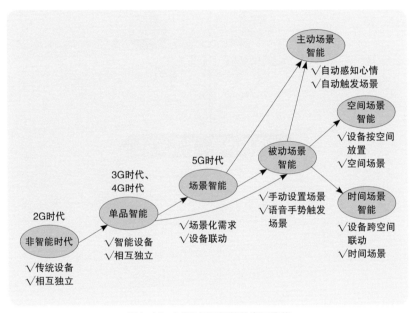

图1-16　5G和场景智能的发展脉络

5G 的世界　智能家居

第二章

智能家居与5G融合的基础

一、制造基础：万丈高楼平地起

（一）智能家居制造基础现状

众所周知，所有的产品想要最终呈现在大家面前，都绕不开制造这个基础环节，只有具备与智能家居发展相匹配的制造基础，才能满足智能家居对未来所有的畅想，否则智能家居的实现只能是"镜中花，水中月"，可望而不可即。智能家居制造基础的发展进程是一个不断演变的过程，其发展进程如图2-1所示。跨越式发展是其显著特点，本质上是与整体科学技术发展的水平遥相呼应的，也是科技成果在制造层面的体现。换言之，科学技术的突破是改变制造基础的根本力量。

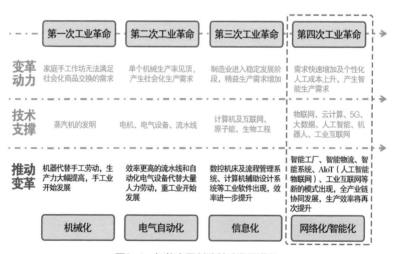

图2-1　智能家居制造基础发展进程

目前智能家居制造基础正处于新旧动能转换的关键期，面临新问题的同时也有着新的发展机遇。行业需求与技术创新正助力全球制造业发展进入4.0阶段，5G+工业互联网的出现加快了数字化制造发展的步伐，为智能家居向高端网络化、智能化迈进提供了技术支撑，给智能家居制造带来了突破性的变化。

1. 制造转型遇难题

进入21世纪第二个十年，制造业在经历了高速发展后增速放缓。这是由于现阶段制造基础不能满足智能家居多元化市场需求和降本需求、不能优化制造过程等而呈现出的必然结果。换句话说，现阶段的制造基础已经不能满足智能家居高速发展的需求。制造基础是国家根本、经济基石，面对这种困局，技术转型迫在眉睫。但转型之路问题重重，主要体现在以下4个层面。

（1）市场多元化需求增加，个性化定制成为消费新常态。

（2）制造成本剧增，降本增效成为企业新目标。

（3）生产过程数据激增，网络传输成为痛点。

（4）传统IT架构难以满足制造信息化的需求，亟须升级。

2. 5G+工业互联网破困局

面对上述制造转型中的困局，国家层面从创新模式与政策引导两个方面进行了积极探索，推动行业"破困局、助转型"。

2017年底，国务院通过了《关于深化"互联网+先进制造业"发展工业互联网的指导意见》，该指导意见指出，到2025年，要形成3~5个具有国际竞争力的工业互联网平台，培育百万工业App，实现百万家企业上云。

2018年6月，工信部发布《工业互联网发展行动计划（2018—

2020年）》《工业互联网专项工作组2018年工作计划》。

2020年3月17日，国务院总理李克强主持召开国务院常务会议，指出要对"互联网+"、平台经济等予以加大支持，壮大数字经济新业态，依托工业互联网促进传统产业加快上线上云，发展线上线下融合的生活服务业，支持发展共享共用工业互联网平台。

2017年3月20日，工信部发布《工业和信息化部办公厅关于推动工业互联网加快发展的通知》，指出要深入实施5G+工业互联网，加快壮大创新发展动能。

随着国家政策的深入推进，在应用层，从制造基础的网络接入到智能产线及设备的5G协同、5G搬运机器人、5G视觉质量检测、5G远程视频监控及运维，都可以看到5G的身影。在平台层，制造工业互联网从边缘数据采集到系统数据存储、工业机理模型建立分析、应用等方面都加入5G元素。5G+工业互联网模式在制造层面的深度应用正在改变着传统制造的生产方式。这些改变正在成为智能家居发展困局的"治病良方"。

（二）5G+工业互联网的制造新模式

工业互联网是什么？5G是如何接入平台的？让我们带着问题一起走进5G与工业互联网融合新模式中的这些关键技术，通过"剥洋葱"一样的层层讲解，慢慢揭下它神秘的面纱。

1. 工业互联网平台技术架构

工业互联网平台本质上是一条工业知识标准化生产、模块化封装的自动化流水线，将变革人类知识沉淀、传播、复用和价值创造模式，成为新工业革命的关键基础设施、工业全要素连接的枢纽和工业资源配置的核心。工业互联网平台核心架构（图2-2）为边缘层、基础设施服务层（infrastructure as a service，IaaS）、平台服务层（platform as a servic，PaaS）、软件服务层（software as a service，SaaS）4层基础架构及贯穿各层级的安全防护，融合了数据采集、存储、计算等多类技术。

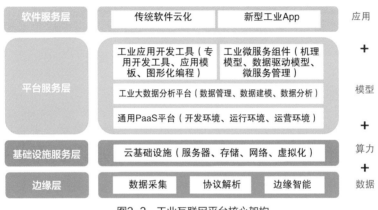

图2-2 工业互联网平台核心架构

归根结底，工业互联网平台依然是在制造层面解决问题的工具。概括起来讲，工业互联网平台=数据+算力+模型+应用，其核心作用示意图如图2-3所示。

2. 工业互联网平台5G接入

移动通信已经从1G时代走到了5G时代，5G的引入是解决目前智能家居制造各环节所面临的数据传输难题的有效方法，是国家实施工业互联网战略的网络基础，是打通工业互联网"最初1km"的有效手段。

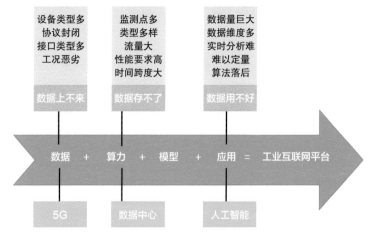

图2-3　工业互联网平台核心作用

5G网络接入主要应用于工业互联网平台的边缘层，主要目的是实现制造底层设备数据的互联互通及向上传输。图2-4为5G在智能家居工业网络中的技术架构。

从图2-4中的网络技术架构中可以清晰地看到，引入5G后的制造网络主要由底层设备、5G接入设备、5G无线基站、主干网4部分构成。

（1）底层设备：车间设置5G客户前置设备（customer premise equipment，CPE，5G CPE是一种可接收4G或5G移动信号并以以太网和无线Wi-Fi信号转发出来的移动信号接入设备），对于工厂原来通过Wi-Fi、无线接入点接入的区域，采取5G CPE替代，以满足手机、iPad、PDA（personal digital assistant，掌上电脑）、AGV（automated guided vehicel，自动引导车）、打印机等设备无线接入5G网络的需求，实现制造级的设备接入。

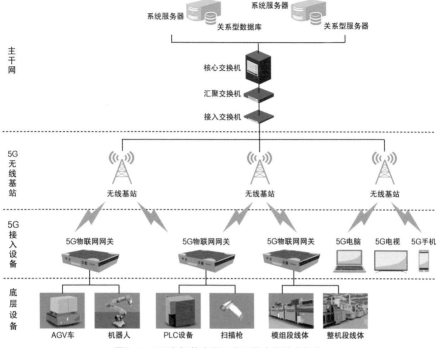

图2-4 5G在智能家居工业网络中的技术架构

（2）5G接入设备：对数据量大、时延要求高的部分场景，如视觉检测机器人，在机器人或设备终端植入5G接收模块，由5G无线接入代替现在的有线接入方式，实现设备多协议通信，提高机器人或设备的反应速度和实时协同工作效率。

（3）5G无线基站：建立5G无线基站，实现网络工厂级覆盖。

（4）主干网：生产数据通过5G无线基站进入园区主干网络的工业互联网平台应用系统，实现智能应用。

如何在制造层面用好5G技术，智能家居制造行业探索的脚步从未停止。将5G技术引入制造网络，解决了智能工厂数据传输量激增的问题，实现了制造全流程要素的无障碍通信，同时为设备层、系统层数据向上汇聚奠定了技术基础。

（三）制造新模式下的应用场景落地

在智能家居制造层面，5G+工业互联网的新模式主要围绕"5G+智能生产""5G+智能物流""5G+智能安监"等场景展开应用。应用场景以5G为数据采集、传输的基础，以工业互联网平台为核心，按照一体化、全覆盖理念为制造提供定制化的解决方案。场景之间既相互融合又相互独立。

1. 5G+智能生产

基于5G+智能生产，构建数据驱动的"计划排产""制造执行""质量管理""设备管理""工艺管理"等生产要素全过程管控，实现对生产过程状态全方位的信息化与可视化，进而提升生产的智能运营管理水平，降低运营成本，提高生产效率。

（1）计划排产系统（advanced planning system，APS），主要进行月度计划排产、六日计划排产及生产作业计划的下达。计划排产系统根据产线产能信息、物料齐套信息、其他资源信息，协同各部门各作业单元高效、有序地安排生产，实现生产作业的智能调度。计划排产系统的应用使得计划准确率及达成率有效提高，交付周期有效缩短。

（2）制造执行系统（manufacturing execution system，MES），不仅能够实现每批次产品的关键信息追溯、生产信息的实时采集，制程物料、质量与生产工单和订单的绑定，还能实现对原辅料的采购，对成品的用户投诉的处理，以及对生产线的工艺改善等。制造执行系统还可以为企业提供计划执行、生产效率监控、关键物料追溯、全制程质量追溯、报表综合统计、生产数据可视化等功能。

（3）质量管理系统（quality management system，QMS），以生产过程质量信息汇总和在线质量控制为核心，对企业的原材料及产品全生命周期进行全面的质量跟踪和管理，建立快速、高效、全过程的质量反馈、质量处理、质量跟踪机制，辅助企业管理人员的生产经营，及时、有效地保证产品质量。

（4）设备管理系统（equipment management system，EMS），通过与5G的结合实现生产过程中设备的数字化监管；通过接口采集各自动化控制设备在生产中的关键运行参数及实时数据；通过人机界面实现远程监控和操作相应的自动化设备，并实现对全线生产设备和产品的信息采集、状态显示、报警及故障处理、趋势图显示、报表处理等功能，帮助操作员或管理者快速诊断出系统故障。

（5）工艺管理系统（process management system，PMS），可实现新品导入、工艺路线设置、工艺物料清单（bill of materials，BOM）管理及生产技术改进等。对生产设备、生产环境、生产条件等的要求通过工艺管理系统下达，提高生产工艺的一致性，并通过大数据挖掘及分析，对同类产品的最佳工艺路线进行分析，全面提升产品的生产效率及产品质量。

2. 5G+智能物流

5G+智能物流依托"5G+WMS（仓储管理系统）+WCS（仓

储控制系统）+AGV（自动引导车）"建设智能立体仓库，构建WMS自主触发物流需求、WCS自主控制设备层、AGV自主智能路径规划的智能物流方式，大幅提升生产装配协同效率，在降本增效的同时推动现代化物流体系的建立。图2-5为"5G+智能物流"应用示意图。

仓储管理系统（warehouse management system，WMS）为企业提供了物料需求计划的配送及物料库存管理的功能。仓储管理系统在计划排产过程中得到各种原材料的需求计划，在作业调度时将需求计划和动态调整的信息及时、准确地下达给各物流系统，指导物流系统按时、准确投料。生产过程中的物料投用情况，通过工单及生产批次进行关联，追溯生产历史，实现物料追踪。

仓储控制系统（warehouse control system，WCS），主要通过任务引擎和消息引擎优化分解任务，分析执行路径，并通过可编程逻辑控制器控制系统将指令下达到底层设备，为其指引方向和运动路径。整个系统通过远程可视监控画面对物料和设备实时进行监控，对数据进行分析、处理。

3. 5G+智能安监

以5G网络为依托的全局安防监控布局，可有效扩展实施布局的范围，实现企业得以安全生产、生活管理的"智能化"监管，提升企业对制造全流程无死角的监控能力和对园区安全巡查、智慧生活等的远程管理水平，加快企业对异常情况的处理及可视化追溯。图2-6为"5G+智能安监"应用示意图。

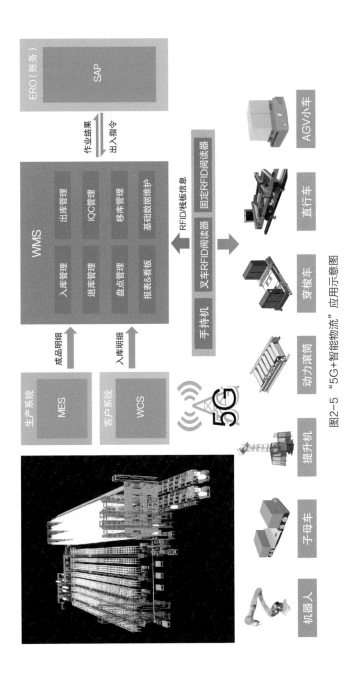

图2-5 "5G+智能物流"应用示意图

图2-6 "5G+智能安监"应用示意图

二、网络基础：让智能家居插上连接万物的翅膀

（一）面向智能家居的家庭网络

在当前5G时代背景下，随着智能家居场景下智能家电设备逐渐增多，设备对移动性连接的要求越来越高，家庭场景设计日趋丰富，如家电控制、人脸支付、监控安防、远程超高清视频等更丰富的生活场景，使得家庭带宽必须向高速率、低时延、移动性等方向发展，家庭网络接入将会逐渐过渡到5G移动宽带接入和千兆光纤接入并存的阶段。

1. 5G移动宽带接入

随着移动通信从1G发展到5G，在通信网络的接入层，移动通信的上下行速率、网络时延及设备接入数量等各方面的性能已经可以和固定网络宽带光纤媲美了。在5G智能家居时代，5G移动宽带入户成为可能，可替代常规固定网络宽带光纤接入，进行全屋无线网络覆盖。5G移动宽带入户通过5G CPE进行网络接入，5G CPE可用作移动家庭网关，提供Wi-Fi接入。

从国内市场前景来看，短租人群、小微企业、商铺店铺、乡下农村、老旧小区等固定网络宽带未普及的地方，都可以通过此方式快速接入互联网。从欧美等海外地区来看，由于人工成本高昂，路权、物权、土地权的归属情况复杂，欧洲运营商光纤入户普及率只有30%左右，移动宽带入户在海外光纤入户普及率低的农村或欠发达地区有很大的市场。在未来5G时代，

如图2-7所示，家庭的智能设备如大屏智控中心、超级电视、大屏冰箱、空调等通过Wi-Fi接到5G CPE上，CPE再通过5G基站连接互联网，从而为家庭提供移动宽带接入，满足智能家居的家庭组网需求。

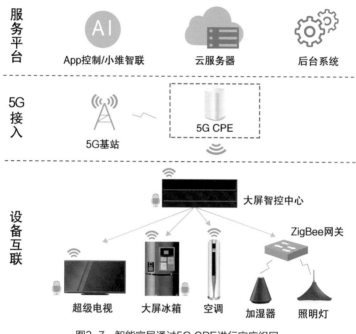

图2-7　智能家居通过5G CPE进行家庭组网

2. 家庭室内组网需求

　　光猫+路由器是目前一般家庭网络的标准配置，但是在这样的网络环境中，往往有一些角落存在断网的可能。那么，对于未来日益增加的遍布全屋的智能家电设备，如何保证所有设备都可以随时随地接上网络呢？智能家居场景对家庭网络有高稳定性的连接要求，因此，不管是通过外部光纤宽带入户连接到运营商光猫，还是通过5G移动宽带接到家中，家庭室内组网都是必须考虑的。

（1）家庭室内组网连接需求。

由于众多家庭设备都有着Wi-Fi连接的需求，智能家居家庭需要满足家庭Wi-Fi全覆盖的方案，需根据住宅的现实户型，为住宅所要构建的智能家居打造优质的网络基础。如表2-1所示，智能家居家庭网络建设需考虑以下要求。

表2-1 智能家居家庭网络建设要求

序号	要求
1	满足全屋千兆网络，网线至少需要6类线
2	每个房间都需布网线，预留至少一个86式网络面板接入点
3	室内所有86式网络面板接入点通过网线敷设至家庭信息箱
4	带电视的房间至少需要布置两根网线
5	所有有线线路必须贴好标签，便于设备间组网及出现问题时快速定位
6	房间无死角Wi-Fi网络覆盖，家庭内不同房间之间满足无缝切换不掉线

（2）室内组网拓扑结构。

智能家居场景对家庭室内组网的要求越来越高。如图2-8所示，以外部光纤接入为例，光纤接到光猫后，通过接入控制器（access controller，AC）以及接入点（access point，AP），形成AC+AP网络接入方式。其中AC连接光猫，需具备无线控制、路由交换及以太网供电的功能；AP负责无线Wi-Fi接入。

家庭网络在进行AC+AP拓扑结构设计时，注意事项如

表2-2所示，要结合有线连接及无线Wi-Fi的需求，满足家庭网络覆盖。

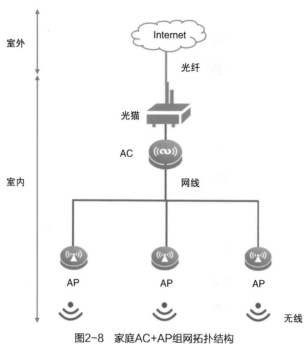

图2-8　家庭AC+AP组网拓扑结构

表2-2　家庭网络AC+AP拓扑结构设计注意事项

序号	注意事项
1	AC通过网线直接接到光猫上
2	AC至AP采用网线连接
3	AP尺寸和常规86式网络面板尺寸一致，且AP面板上需预留至少一个网线口，方便设备也可通过有线方式接入网络
4	AP作为无线网络的接入点，可进行Wi-Fi无线扩展，满足全屋Wi-Fi覆盖
5	终端设备可通过无线方式连接到AP上再接入网络

（二）5G时代的智能家庭网关

智能家庭网关是现代家庭内部的一个网络设备，它的作用是使家庭用户连接到互联网，包括使位于家庭中的各种智能设备都能连接到互联网，同时能使这些智能设备相互之间实现通信。从技术角度来说，家庭网关在家庭内部及从内部到外部实现桥接、路由、协议转换、地址管理和转换的功能，承担防火墙的职责，并提供IP语音电话等业务。现阶段智能家庭网关接入互联网的方式主要为光纤接入，而实际上铺设光纤在全球很多地形复杂和人口稀疏地区无法实施，光纤在全球的覆盖率并不高。5G的诞生，无疑为智能家庭网关的全面普及提供了解决方案。5G有媲美光纤的高带宽，5G接入不需繁杂的地面线路铺设，易于推广。可以预期，基于5G宽带接入的智能家庭网关即将为智能家居的发展提供强大动力。

1. 智能家庭网关的诞生过程

智能家庭网关是伴随着互联网的高速发展及家庭智能终端不断增加而诞生的。随着全球互联网的飞速发展，包括手机在内的各种家庭智能终端层出不穷，家庭所有的家用电器均向着智能方向迈进。与此同时，各类宽带技术不断出现，尤其是FTTH（fiber to the home，光纤到户）迅速推进，家庭用户的网络带宽逐步迈向百兆甚至千兆和万兆，由此催生了智能家庭网关。智能家庭网关的出现，为智能家居提供了强有力的网络支撑。智能家庭网关的发展历经探索、形成和智能阶段，如图2-9所示。

图2-9　智能家庭网关发展的阶段

　　近年来，物联网得到了爆发式的发展，使得智能家居快速发展，各种家用装置已开始加入联网并具有智慧化功能。为满足智能家居对网络连接的要求，各大运营商纷纷推出了智能家庭网关。与HGU（home gateway unit，家庭网关单元）相比，智能家庭网关在硬件配置上需要大幅升级，同时软件也需要具有更加复杂的功能，比如软件需要与诸多后台服务器实现通信，以及软件支持远程安装各种软件、插件以实现各种智能功能。与此同时，随着5G的蓬勃发展，以5G为承载网络的智能家庭网关也将获得蓬勃发展。智能家庭网关能支持家庭内部的更多电子设备组成家庭局域网，尤其是智能家庭网关具有强大的后台服务器支撑，使得家庭内部的各种设备实现相互通信。典型的智能家庭网关背板外观如图2-10所示。

图2-10　典型的智能家庭网关背板外观图

家庭网络内部的各种终端通过智能家庭网关的用户侧接口与智能家庭网关进行通信。智能家庭网关对经过其的数据和应用进行转发、控制和管理，并通过光纤或5G等网络侧接口与业务平台、智能家居平台、机顶盒终端管理平台进行交互，实现家庭网络和外部网络的通信，提供各种可管理、可控制的应用。

2. 智能家庭网关的应用场景

作为智能家居组网的核心设备，智能家庭网关支持家庭中所有能连接网络的设备连接到家庭局域网。对于支持有线、无线网络的家庭设备，可以分别通过有线和无线网络连接智能家庭网关。但部分无法接电源需要安装电池的低功耗产品，如智能门锁，要如何接入智能家庭网关呢？目前这种产品一般通过子网关的方式来接入智能家庭网关。子网关实际上是一个协议转换器，子网关通过Wi-Fi接入智能家庭网关，然后将智能家庭网关的信号转换为蓝牙或ZigBee（ZigBee是一种速率比较低的双向无线网络技术，其由IEEE.802.15.4无线标准开发而来，拥有低复杂度、短距离、低成本、低功耗等优点）。

典型的智能家庭网关应用场景主要有家庭娱乐、家庭安防和家居控制。

（1）家庭娱乐。

基于智能家庭网关的家庭娱乐是智能家庭网关的最常见的应用场景。家庭中的各种音视频终端通过智能家庭网关实现互联互通，实现完美的视听功能。

如图2-11所示，电脑、机顶盒、智能电视、网络硬盘等设备

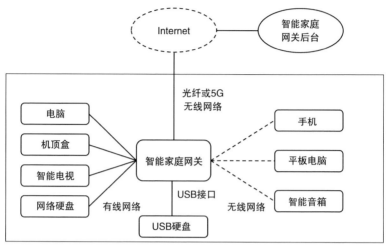

图2-11　家庭娱乐组网示意图

通过有线网络连接到智能家庭网关，而手机、平板电脑、智能音箱等设备通过无线网络连接到智能家庭网关，USB硬盘通过USB接口连接。以智能家庭网关为中心，组成家庭内部的局域网络。

（2）家庭安防。

基于智能家庭网关的家庭安防是智能家庭网关的另一种应用场景，详情可参照本书第三章中的"5G与家庭安防的融合"。

（3）家居控制。

基于智能家庭网关的家居控制越来越普遍。目前越来越多的家用电器如洗衣机、冰箱、空调、电饭煲、净水器、窗帘都支持Wi-Fi联网，甚至很多插座和灯泡也支持Wi-Fi连接。

如图2-12所示，对于不支持Wi-Fi连接但支持ZigBee连接的插座和灯泡设备，可通过子网关连接到智能家庭网关。

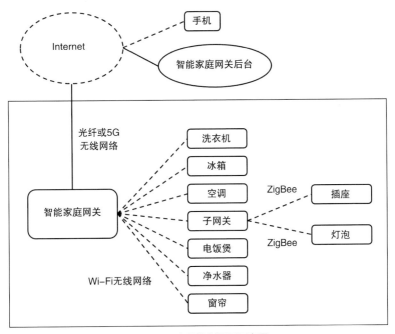

图2-12 家居控制组网示意图

三、系统基础：基于5G+4大系统技术的统一平台

5G、人工智能、大数据、物联网以及云计算，彼此之间皆存在着千丝万缕的"亲缘"关系。大数据是人工智能的基石，实际上近些年在人工智能领域快速发展的神经网络算法，离不开海量的数据。没有人工智能的物联网，充其量只能解决连接的问题，并不能带来更深刻的变革。而人工智能的算法要变得更加精准，物联网提供的数据十分重要。云计算又是这些技术的助推器，它将传统IT工作转为以网络为依托的云平台运算。5G作为信息传递的高速公路，又为这些技术的落地提供了强大的公共基础设施。人工智能也好，大数据也好，物联网及云计算也好，彼此依附、相互助力，在5G的助推下能够为各行各业提供更加快速的图像识别技术、语音识别技术、自然语言理解技术、用户画像技术等最新的科技工具。

（一）系统架构

基于5G+4大系统技术的统一平台可以从"横向"和"纵向"技术系统进行切割，"横向"是平台涉及的系统技术，"纵向"可简单分为硬件和软件，如表2-3所示。可以看到，物联网产品或技术、云计算技术、人工智能技术、大数据技术的选择都有很多，这些技术在5G时代会有全新的发展和进步。从技术的角度来看，构建这样一个复杂的系统，对企业的硬件能力、软件能力都提出了非常高的要求，而且研发的投入也非常巨大。可以

说，在电子信息领域，哪个企业有能力在5G时代做好面向物联网、云计算、人工智能、大数据等基础系统平台的建设，哪个企业就能在未来走得更加长久。

表2-3 统一平台技术覆盖

项目	物联网	云计算	人工智能	大数据
硬件	多媒体产品、白色家电产品、照明电工类产品、可穿戴设备、网关类设备……	基于基础设施提供云服务（IaaS）、基于系统平台提供云服务（PaaS）、基于软件套装提供云服务（SaaS）	显示计算单元、张量计算单元、深度计算单元、分布式计算设施……	数据采集、数据清洗、数据存储、数据计算……
软件	单片机中断软件系统、嵌入式实时软件系统、现代软件操作系统、定制软件操作系统……		TensorFlow工具、Caffe工具、微软Cognitive工具、Torch工具……	

（二）终端操作系统的设计

任何先进的信息科学技术都需要有终端作为载体。硬件是统一平台不可或缺的部分。在面向智能化变革的今天，许多硬件都会被重新定义。

针对智能家居的现状，可以将现代的智能设备分为几类，如表2-4所示。

表2-4 智能设备分类

分类	特征
A类	能够运行如51单片机的嵌入式智能设备，具备硬件控制能力，与接入互联网的模组之间采用串口、GPIO（general purpose input/output，通用输入输出端口）、USB总线等常见硬件协议通信，该类产品通常与B类、C类的硬件模组配合组成新的智能硬件形态

续表

分类	特征
B类	能够运行如Arm Mbed OS、FreeRTOS、LiteOS等实时操作系统的硬件，对实时性和功耗有高要求
C类	能够运行如Android、Linux等需要大内存的现代操作系统设备

对于A类产品，常见的有家电设备、照明台灯等，这时候其实需要额外有能够联网的硬件模组进行辅助建立统一的系统平台。

对于B类产品，常见的有ZigBee网关、可视门铃、低功耗移动摄像头等产品。这些产品具备一定的计算能力，但是都不具备在端上运行人工智能算法的能力，只能借助互联网将设备感知到的数据传递到云计算的方式呈现智能结果。

对于C类产品，常见的有手机、电视、平板电脑、超级网关等。可以推测，在21世纪20年代，这些产品将具备更高性能的硬件，并可能集成神经网络处理器（neural network processing unit，NPU）或张量处理器（tensor processing unit，TPU），一些常见的神经网络模型能够直接在硬件上运行。

在确定产品的硬件方案以及移植好现有的软件操作系统之后，就需要在嵌入式操作系统的基础上设计与统一云平台通信的消息机制。我们来看看一个常见的物联网操作系统所具有的基础软件架构（图2-13）。

有了统一的软件系统基础，就初步具备了嵌入式应用开发的生态体系。利用系统软件包自行在嵌入式系统上开发和运行安全通信消息中间件，调用统一平台的SaaS接口，实现长连接的效果，完成固件升级、硬件状态上报等业务。

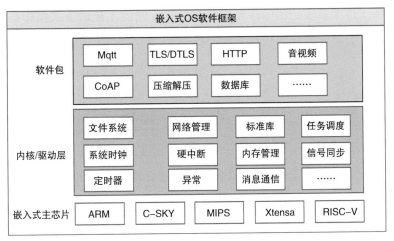

图2-13 嵌入式OS软件框架

不管这些智能设备采用的是哪种硬件设计和软件系统，一旦5G信号完成家庭的覆盖，就能够降低设备与云端在设备控制链路上的时延，极大提升硬件操控体验。

（三）设备入网系统的设计

设备入网系统的设计如图2-14所示。在5G覆盖到的网络末

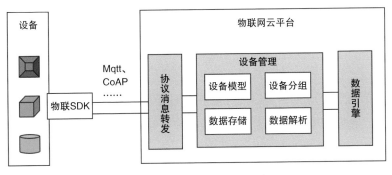

图2-14 设备入网系统的设计

端，许多有实力的云平台会针对各种不同的主流嵌入式操作系统，提供标准化的软件开发工具包（software development kit，SDK）。这些嵌入式系统大部分都支持Mqtt（message queuing telemetry transport，消息队列遥测传输）或者CoAP（constrained application protocol，约束应用协议）这类常见接入协议标准。而在5G管道的另一侧，云平台可以说是物联网设备接入互联网的第一道门槛，需要面临许许多多的问题，例如智能设备连接的稳定性、安全性，传感设备快速状态变化数据上报、高并发等，都成了云平台需要考量的问题。

物联网平台提供物联SDK，设备集成物联SDK后，即可安全接入物联网云平台，使用数据存储、数据解析等功能。由于该平台建立于互联网的基础上，所以5G作为入云的管道变得十分重要。在现有的移动网络条件下，当相同环境中包含大流量的视频设备时，往往网络末端的设备就无法获得足够的上下行的带宽，设备与云平台的稳定性就不再可靠。而5G的到来，提供的上下行带宽足以满足网络末端互联设备的网络要求。

（四）数据系统的设计

大数据，是通过获取、存储、分析，从大容量数据中挖掘价值的一种全新的技术架构。在一些需要实时计算并反馈结果的大数据场景中，5G的管道优势能够得到有效发挥。

物联网平台的数据引擎获取到了大量的硬件数据，这些硬件数据结构简单、重复性很高，提取、存储和清洗非常容易。这些数据到底能够给智能家居的用户带来什么价值，在决定数据落地的时候，就要对此进行深刻的思考。大数据行业有专门的数据分析师，一位优秀的数据分析师会从一大堆看似无聊的数据中发现一些不寻常的东西，或者其他人没有想到的东西。在数据挖掘的过程中，人工智能的一些技术就可以派上用场，帮助数据分析师根据目前掌握的数据提供预测和做出决定。最后，这些预测的模型和做出的决定再输出到可视化的界面上或者应用程序的处理逻辑上。

最简单的一个大数据技术场景应用莫过于设备日志的落地。若想要查找某一个用户在某一个时刻的设备使用行为，应如何从海量的设备日志中快速定位并给出结果呢？利用现有的开源软件，可以在数据引擎的服务器集群中配置Filebeat日志采集工具，把经过Filebeat采集的日志消息输入分布式Kafka消息队列当中，这个过程实现了日志采集的削峰。之后再使用分布式配置的Elasticsearch实现日志搜索引擎的落地。最终用户可以使用Restful接口对日志进行快速的搜索，或者如图2-15所示，直接在Kibana（可视化平台）界面进行查看。

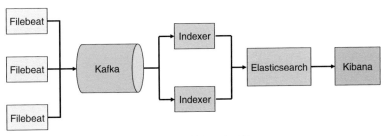

图2-15　大数据日志系统

（五）人工智能算法系统的设计

人工智能框架几乎都提供了云端分布式部署方案，而目前商业上取得成功的OCR（optical character recognition，光学字符识别）、人脸识别、语音识别等人工智能技术，在新时代下也纷纷出现了将人工智能算法从终端向云端转移的情形，带来的结果就是对网络管道的更高要求。这也是时代呼唤5G的重要理由。

人工智能技术拥有丰富的技术内涵，在设计统一平台的时候，我们先要理解人工智能的内涵，才能够有的放矢，在业务层面实现人工智能技术的有效应用。在5G普及之后，人工智能技术所能覆盖的应用场景会更加广泛。比如人脸识别这项应用技术，如果将人脸识别模型运行于带有TPU/CPU的终端硬件之上，受限于终端的内存、性能，只能在有限范围内识别人脸个数。而如果将终端摄像头感应到的图像通过5G的通道快速上传到云服务器，则可以识别的人脸底库就会变得非常巨大，识别结果再通过5G的通道回传给应用提供商，将能够满足各种高要求的使用场景。

四、商业模式基础：5G环境下的新家居商业业态

（一）5G+智慧地产

传统的商业地产往往以较为简单的出售住宅、装修房等方式进行运营，随着科技的发展和5G技术的普及，现在商业地产正在向智能化方向和家庭、社区、街道融合的方向发展。随着5G技术的普及，以家庭为中心的智能家居可以与以便民服务为中心的小区，以及以公共服务为核心的街道，通过5G技术实现信息互联、信息共享，极大地方便了居民的生活。用户通过5G技术可以在家中实现与小区的便利店、物业等进行信息交流，通过5G技术可以与街道的学校、教育机构、超市等进行沟通，真正便捷地实现了现代智能家居的应用。随着5G技术的发展，家庭、社区、街道被连接成一个有效的整体，实现了互动，同时也促进了房地产开发商打造融合5G技术的现代商业地产。

智能化将在不久的将来贯穿生活、社区和城市的每一个环节，因而激发了整个房地产上下游产业的大力投入，在建筑设计、传感器系统搭建、智能电器的互联、互联网技术、5G技术、物联网技术、软件平台、云计算等各个技术环节转型和升级，为"5G+智慧地产"的真正到来持续探索和研发。

1. 智能家居与新一代商业地产的融合

过去几年，房地产行业受到了智能家居技术的影响。智能家居技术给房地产行业带来了巨大的影响，所有迹象都表明它将继

续产生巨大的影响，有81%的购房者会因为已经安装了智能家居产品而购买房屋。

随着科学技术的发展和国家大力推动智慧城市建设，在城镇化建设逐渐加速，以及人工智能技术、物联网、移动互联网等新兴技术普及的背景下，智能家居与地产行业的结合是必然的发展方向和趋势。智慧地产，将为房地产行业转型提供新途径和发展空间。然而，智能家居虽然已经出现了10年左右，但相关技术和方案仍是一个新兴事物，加上5G、AIoT（人工智能物联网）等新技术的支持，在整体的市场定位、整体渠道建设、整体商业模式的构建上有其本身的创新特点。

智慧地产的市场划分：家庭住宅智能家居方向、别墅豪宅智能家居方向是面向消费级的，智慧酒店客房智能家居方向、智慧办公智能家居方向等是面向办公级（企业或者特定用户群体）的。

（1）面向消费级的智慧地产。

面向消费级的智慧地产的智能家居场景和系统，如图2-16所示，按照用户需要的场景模式来划分，常用场景有回家场景、会客场景、浪漫场景、娱乐场景、阅读场景、睡眠场景、起床场景、离家场景等；按照控制系统来划分，可分为中央控制系统、环境控制系统、灯光控制系统、安防监控系统、背景音乐控制系统、窗帘控制系统、私人影院系统、可视对讲系统等，各个子系统分别智能控制全屋的相关部分，相互配合，通过中枢大脑、云技术、5G技术等来打造未来的智能家居，实现消费级的智慧地产。

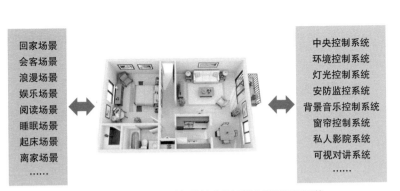

图2-16　面向消费级的智慧地产的智能家居场景和系统

（2）面向办公级的智慧地产。

面向办公级的智慧地产往往以公共场所为主，如图2-17所示，包含智慧教室、智慧超市、智慧社区、智慧停车场、智慧仓库、智慧工厂、智能会议室等应用场景。

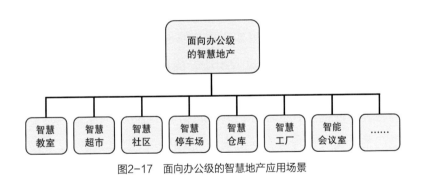

图2-17　面向办公级的智慧地产应用场景

面向办公级的智慧地产的智能家居系统，通常都是项目型的，大型的项目往往要与各个管理系统等进行系统级别的数据连接。在5G技术的加持下，利用移动互联网、物联网、云计算、大数据与人工智能等新一代信息技术，对场景中现有的各类资源进行整合，形成基于信息化、智慧化的管理模式，为企业或特定用户群体提供便利的服务或安全的生产环境。

2. 智慧地产的发展前景

未来，随着5G技术的更加成熟与推广，智慧地产项目发展方向将会为智能家居提供更多的设备空间入口。同时，随着智能家电、网络通信技术的升级，以及智能软、硬件商的协同创新及融合发展，多种新技术将携手创造智能家居在用户心中的核心价值，为消费级和办公级的项目提供个性化、可选择的整体解决方案。智慧地产领域不仅能通过5G技术、互联网技术、人工智能技术和智能家电技术实现整体家庭智能化，还能通过接入智慧物业、商圈信息、智慧医疗、智慧政务、智能安防、智能购物等系统功能，真正打造出一个智慧生态圈。

对于普通家庭而言，由5G技术支持的智能社区的典型应用案例如图2-18所示。家庭作为用户的主要生活地点，处于用户的生活中心地位，以家庭为中心，周边300m的范围内就是用户日常生活的第二层级。在这个层级中，用户通过5G技术可以体验到更便捷的社区服务，其中包括电子缴费、上门维修、智能门禁、巡更巡检等。在更大的范围内，以家庭为中心，周边300~3000m的广义社区范围内，5G技术将更广泛地提供更多的社区生活服务，包括消防环卫、教育学校、医院影院、家政亲子、餐饮美食、便利商店、运动健身、大型商超等。5G技术的广泛普及，将极大地方便大众的社区生活。

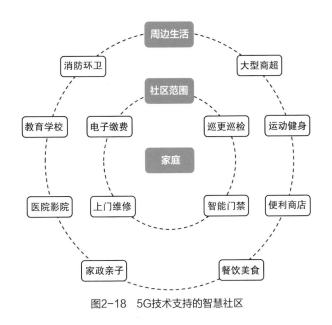

图2-18　5G技术支持的智慧社区

（二）5G+智慧新零售

随着数字化技术的普及和消费者需求的升级，零售也开始向智能化方向发展。智慧零售就是运用互联网、物联网、大数据、人工智能等技术优化商品、用户和支付之间的关系，给予顾客更快、更好、更方便的购物体验。在4G时代，我们享受了共享经济和移动支付。而在5G时代，我们将会生活在一个万物互联的世界。5G时代下的新零售场景，不仅仅是人与人的连接，还有物与物以及人与物的连接，并且重新构建人与人、人与商品以及商品与商品之间的连接网络。5G本身虽然只是一种技术，但它可以带动整个新零售生态圈与5G相关联的技术发生裂变式发展，带来社会生产和生活的全方位变革：一是颠覆价值体系，二是提升生产效率，三是促进技术创新。正是由于5G网络的高速率、广连接、高可靠，以技术和数据驱动的线上线下的互通融合给零售带来了新的机遇。

那么新零售的形态是什么样的呢？阿里巴巴集团认为，其核心含义是企业以互联网为依托，通过运用大数据、人工智能等先进技术手段，对商品的生产、流通与销售过程进行改造升级，进而重塑业态结构与生态圈，并对线上服务、线下体验以及现代物流进行深度融合的零售新模式。苏宁集团董事长张近东在2018年的两会上提出了"智慧零售"的概念：未来零售是智慧零售，智慧零售是运用互联网、物联网技术，感知消费习惯，预测消费趋势，引导生产制造，为消费者提供多样化、个性化的产品和服务。一种零售现象出现了多种不同的解读，其实每一个企业对零售都有自己的看法，企业的不同解读抑或是从另一个维度去思考零售。但无论零售如何变革，用户的体验依旧是零售的核心。

从阿里巴巴和苏宁对于新零售或智慧零售的解读，可以看出零售的进化史，无论是新零售还是智慧零售，都是运用互联网、大数据等技术，去感知用户的消费习惯，从而为消费者提供多样化、个性化的产品和服务。

1. 5G时代新零售的需求

消费类产品都有一个生命周期，在产品的生命周期内如何跟消费者产生连接呢？推出智慧新零售并与消费者建立起高频联系，这是打造产品生态非常关键的一点。其实，新零售本质上还是零售，新零售更多的是借助互联网让用户成为核心，而传统零售的本质是商品交换媒介。

在智慧新零售情境下，"人"成为零售活动的核心要素，通过大数据与人工智能等技术手段，使线上线下达成融合。那我们为什么要做新零售呢？总结、归纳出以下几点因素：

（1）线上零售遭遇"天花板"。

（2）移动支付等新技术推动了线下场景智能终端的普及。

（3）新中产阶级崛起。

2. 5G赋能下新零售的优势

智慧新零售通过精准选品组合加上营造深入人心的场景体验，达到提升零售坪效比、优化成本的目的。智慧新零售用专注用户的思维去做产品，用体验生活的思维去做场景，用传达价值的思维去做运营。在大数据、AI技术、5G技术赋能下，对产品、门店进行定制化改革，最终提供给客户更好的消费体验，并实现门店的降本增效，以后零售模式将会是线上线下相结合的新零售模式。线上线下相结合并非现在的实体店去线上开店，也并非线上拓展到实体，而是线上的核心优势与线下的核心优势相结合。

线上的核心优势是便捷，不用出门；线下的核心优势是客户体验。那么，未来的新零售将是两者的结合。如何才能足不出户就能看到、感受到我们想要购买的商品是不是我们想要的呢？感受是来源于多方面的，有听觉、视觉、触觉和味觉等，目前我们已经有能力将听觉和视觉通过数据转换呈现在我们面前。未来的科学在AI技术和5G技术的加持下也一定可以把触觉和味觉通过数据转换带到我们身边。

5G时代无疑将会拉近我们与产品的距离，让我们在家里就能感受的我们想要的东西是什么样子。基于未来强大的物流系统，我们在家里也能拥有实体购物的体验。

5G 的世界　智能家居

第三章

智能家居与5G融合的典型应用

一、5G与超高清电视的融合

（一）平板电视的发展趋势

平板电视，顾名思义就是屏幕呈平面的电视，它是相对于传统显像管电视而言的一类电视，主要包括液晶电视、等离子电视、OLED电视等几大技术类型的电视产品。更高清晰度和逼真色彩的图像显示、丰富多样的应用和良好体验的交互是平板电视的发展方向。在平板电视时代，多媒体电视、数字一体机电视、全高清电视、3D电视、互联网电视、云电视、智能电视、4K超高清电视、HDR（high dynamic range imaging，高动态范围图像）超高清电视、AI语音电视等新形态电视如雨后春笋般涌现出来，并快速更新迭代。在平板电视产品的发展演进过程中，显示技术和智能技术是平板电视发展的技术主线（图3-1）。

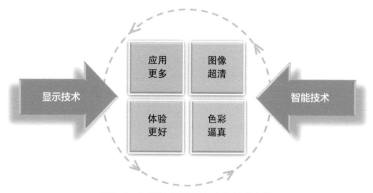

图3-1　平板电视发展方向和技术主线

1. 电视显示与5G的融合趋势

平板电视显示技术发展最主要的特征是显示分辨率的提升。4K超高清电视以其清晰细腻的图像、逼真鲜艳的色彩，带动了平板电视产业的繁荣发展。但市场对更大尺寸平板电视需求不断增长，更大的尺寸意味着：需要匹配更高的分辨率，需要更清晰细腻、更逼真和临场感更强的平板电视，于是显示分辨率为7680像素×4320像素的8K超高清电视开始起步。图3-2为平板电视显示分辨率的演进历程。

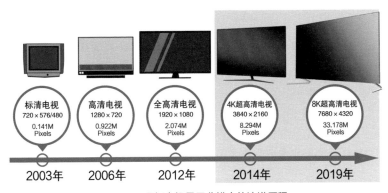

图3-2　平板电视显示分辨率的演进历程

8K超高清电视显示达到33.178百万像素，具有更高的色深、更广的色域。帧率为30帧每秒（frame per second，f/s）的入门级8K视频未压缩码率达30Gb/s；帧率为120f/s的极致8K视频未压缩码率达144Gb/s。即使是入门级8K视频传输码率也达到100Mb/s以上，这要求极强的网络传输能力。而目前数字广播电视节目传输网络的传输能力不超过40Mb/s；4G最大速率约为100Mb/s，正常使用时一般约20Mb/s；有线网络带宽可达100Mb/s，但正常使用的有效带宽仅为20Mb/s。显然，现有的数字广播电视节目传输网络、4G网络、有线宽带网络对8K视频传输都无能为力。

5G无线传输将成为8K视频传输的有效方案，8K超高清电视产品集成融合5G将非常必要。

2. 电视智能化与5G的融合趋势

AIoT电视具有良好的交互体验且设备之间互联互通，这使人们的生活更加便捷。随着AIoT设备和应用场景的不断丰富，互联互通的设备数量将呈现爆发式增长，这势必要求AIoT电视具有更强大的智能交互和设备互联互通能力。但是目前Wi-Fi、4G等网络交互时延达到百毫秒，IoT设备接入数量也有限，这会限制AIoT电视的扩展能力。5G可在小范围内支持大规模智能设备互联，实现海量AIoT设备互联；同时5G的低时延将使得AIoT设备交互时延降至仅约10ms，远快于人的反应速度，将带来良好的AIoT用户体验。智能与5G融合，以5G智能电视为中心来构架家庭AIoT生态，将非常必要。

（二）5G+8K智能电视实现方案

1. 5G+8K智能电视产品

5G+8K智能电视是5G与8K超高清电视融合的产物，它是一款在8K电视的基础上融合、集成5G功能的智能电视。它具有1Gb/s以上甚至达到10Gb/s的峰值带宽，可实现8K视频的极速下载，150GB的8K电影下载仅需要60s；它支持海量IoT设备接入，每平方米的IoT互联设备可达万台，且支持IoT设备超低交互时延，时延仅约10ms甚至1ms，可给用户良好的体验。

5G+8K智能电视产品（图3-3）具备的性能包括：支持5G

通信网络接入，支持5G信号解码和显示；支持通过5G接收8K视频节目；支持8K×4K视频解码和显示，显示像素分辨率为7680像素×4320像素；支持AI语音交互和AI图像交互；支持超多IoT设备接入，支持AIoT互联互通。

图3-3　5G+8K智能电视产品

2. 5G+8K智能电视系统框架

5G+8K智能电视系统框架如图3-4所示，由机内5G天线、机内5G模组、TV模块、FRC（frame rate conversion，帧频转换）模

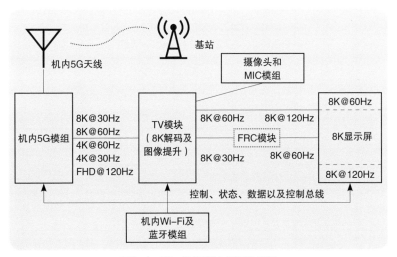

图3-4　5G+8K智能电视系统框架

块、8K显示屏、摄像头和MIC（microphone，传声器）模组、机内Wi-Fi及蓝牙模组等组成。模块、模组间除视频（或图像）信息传递外，还需通过地址总线、数据总线以及控制总线进行通信来完成片源识别、AIoT控制等。

5G+8K智能电视相关模块、模组及功能要求如表3-1所示。

表3-1 5G+8K智能电视相关模块、模组及功能要求

序号	模块/组	功能要求
1	机内5G天线	接收基站传输的无线5G各频段信号，或将机内5G模组调制的5G频段信号发送至基站
2	机内5G模组	对机内5G天线接收到的频段内信号进行解调后得到基带音视频信号，然后对基带音视频信号进行解析，并将解析后的音视频信号通过高速传输接口传给TV模块，传输的信号主要有8K@30/60Hz、4K@30/60Hz、FHD@120Hz等分辨率的视频图像和音频信号；接收TV模块传输的音视频信号，进行加扰调制后传输给机内5G天线
3	TV模块	TV模块中包含8K解码及图像提升模块，对输入的各种分辨率的视频图像进行解码，对图像质量和分辨率进行提升。对不同格式的内容采取不同的处理方式：在8K片源的情况下，对内容解码后输出8K@60Hz（或8K@30Hz）的信号；在4K@60Hz（或4K@30Hz）片源的情况下，对内容解码后进行4K转8K分辨率提升，输出8K@60Hz（或8K@30Hz）的信号。TV模块除处理图像信号外，也是整体系统的控制核心，协调系统中各模块工作，也将作为AIoT智能交互的中心
4	FRC模块	用于8K信号帧率的提升，当使用8K@120Hz的显示屏时，如果TV模块输出信号为8K@60Hz或者8K@30Hz，由FRC模块对8K信号进行帧率提升。当使用8K@60Hz的显示屏时，如果TV模块输出信号为8K@30Hz，由FRC模块对8K信号进行帧率提升
5	摄像头和MIC模组	采集语音信号和图像信号，实现AI人机交互及AIoT控制
6	机内Wi-Fi及蓝牙模组	8K电视作为AIoT的中心，Wi-Fi及蓝牙模组实现8K电视与相关AIoT设备的互联互通和智能交互控制
7	8K显示屏	8K@60Hz或8K@120Hz的超高清显示屏，显示像素分辨率为7680像素×4320像素，显示超高清视频图像

3. 5G+8K智能电视应用关键技术

5G+8K智能电视的系统框架建立完成后，还必须有一些关键技术，才能形成良好的产品，使得5G+8K智能电视实现应用。那么，有哪些必要的应用关键技术呢？

首先，需要5G网络接入和调制解调技术，包括5G NR（new radio，新空口）载波聚合技术、可扩展正交频分复用（orthogonal frequency division multiplexing，OFDM）子载波间隔技术、多输入多输出（multiple-input multiple-output，MIMO）超多天线信号增强技术、带宽分片（bandwidth part，BWP）技术、上下行解耦技术等。

其次，需要基于5G+8K智能电视的智能AP技术及应用。5G+8K智能电视同时集成了Wi-Fi、蓝牙模块，通过解码模块进行5G信号和Wi-Fi信号的相互转换，以5G+8K智能电视为AP热点，无须互联网组建无线Wi-Fi智能局域网，实现音视频信号的无线传输应用及AIoT互联互通与智能交互。

最后，需要基于语音图像交互AIoT技术。以5G+8K智能电视终端为智能家居的控制中心和入口，集成控制家用智能电子设备、音视频播放设备等AIoT设备，使得智能空调、空气净化器、净水器、洗衣机、抽油烟机、智能音箱等Wi-Fi类设备，智能家庭网关、智能门锁、色温灯、智能开关、智能台灯、智能窗帘、烟雾传感器、紧急按钮、可燃气体报警器等ZigBee类设备，以及其他智能设备，能够通过5G无线通信方式进行互联互通，并可以通过AI语音和AI图像实现各种AIoT设备控制及交互。

二、5G与VR/AR的融合

虚拟现实（virtual reality，VR）和增强现实（augmented reality，AR）频频出现在公众视野，不论是5G通信技术展会上的VR视频直播、VR全息影院，还是电商平台的新年AR扫福活动，以及VR游戏、VR看房、VR/AR旅游智能解说与导航等，5G使VR/AR快速融入日常家庭生活，VR/AR产品一跃成为新型智慧家居产品，助力提升家庭幸福感。

（一）VR/AR的概念和发展历程

VR技术利用计算设备模拟产生一个三维的虚拟世界，为用户提供关于视觉、听觉等感官的模拟，有十足的沉浸感与临场感。AR是一种将真实世界的信息和虚拟世界的信息通过电脑集成的3D新技术，将虚拟的信息模拟仿真后再叠加应用到真实世界，被人们的感官所感知，从而使人们达到超越现实的感官体验。

1. 老古董：VR/AR设备的早期形态

世界上第一台VR设备是1962年名叫"Sensorama"的设备，如图3-5所示。这款设备需要用户坐在椅子上，把头探进设备内部，通过三面显示屏来形成空间感，从而形成虚拟现实体验。对用户来说，它不过是一个简单的3D显示工具。

1968年，计算机图形学之父、虚拟现实之父、著名计算机科学家Ivan Sutherland设计了世界上第一款头戴式显示器"Sutherland"，

图3-5　世界上第一台VR设备"Sensorama"

如图3-6所示。但是因为当时技术的限制，整个设备相当沉重，不
跟天花板上的支撑杆连接的话是无法正常使用的，而其独特的造型
也被用户们戏称为悬在头上的"达摩克利斯之剑"。

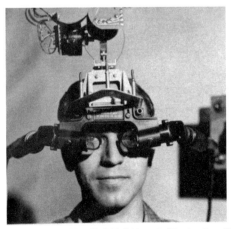

图3-6　世界上第一款头戴式显示器"Sutherland"

从20世纪的80年代到90年代，人们一直在幻想虚拟现实的到来，然而，1991年一款名为"Virtuality 1000CS"的虚拟现实设备充分地为当时的人们展现了VR产品的尴尬之处——外形笨重、功能单一及价格昂贵，虽然虚拟现实被赋予了希望，可其依然是概念性的存在。

2.　新家居：VR/AR设备的现代形态

　　2016年，VR硬件水平达到要求，VR一体机投入生产。设备商和VR内容商的逐渐加入，形成VR产业链的雏形。资本家看到了机会，不断为VR产业注入动力，VR行业投资增长率达到顶峰，行业迎来一次大爆发。

　　在5G技术的支持下，VR产业链各方与电信运营商合力促进了VR/AR行业的加速发展，VR/AR产品也更加清晰、轻便和亲民。现在主流的VR一体机头显模型如图3-7所示。

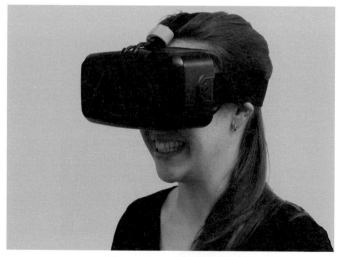

图3-7　VR一体机头显模型

伴随5G网络的商业化，AR超短焦眼镜（图3-8）也陆续进入市场。摒弃传统的电池设计，将手机作为AR超短焦眼镜的移动电源，承载5G移动网络，将AR的沉浸感和舒适感进行提升。

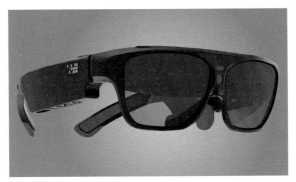

图3-8　AR超短焦眼镜模型

5G网络中的移动VR/AR应用将成为社会信息化、工业智能化的有力杠杆。5G技术的注入为VR/AR的发展打入一针催化剂，将带动VR/AR行业的快速推进和落地，同时将带动VR/AR设备从B端普及到C端，使VR/AR实现从新兴科技到家庭智能设备的转变。

（二）5G为VR/AR带来的技术创新

目前市面上的主机VR普遍采用HDMI（high definition multimedia interface，高清多媒体接口）有线连接方式传输数据，价格较高且使用场景受限制，无法自由移动。移动VR价格便宜，应用的场景灵活，但Wi-Fi网络覆盖面积有限并且易受同频干扰，另外4G网络带宽不足，时延高，会带来卡顿现象。传输技术难题成了VR/AR行业发展的瓶颈。

5G的高带宽满足了VR/AR对网络速率的高要求。5G网络规模商用的第一阶段以增强移动宽带（enhanced mobile broadband，eMBB）场景为主，其特点是高带宽、低时延，可以充分保障VR/AR的业务体验。5G通信技术的到来将给VR/AR行业带来巨大助力，将刺激整个VR/AR行业恢复和活跃起来。

1. 5G移动边缘计算技术——满足用户体验"快"

移动边缘计算（mobile edge computing，MEC）是一种网络架构，是指在移动网络边缘提供IT服务环境和云计算能力，将网络业务"下沉"到离用户更近的无线接入网侧，从而带来低时延，使用户感受到"快""无卡顿"，这也契合了VR/AR用户的体验需求。欧洲电信标准化协会（European Telecommunications Standards Institute，ETSI）在《移动边缘计算——5G的关键技术》白皮书中列举的典型应用就包括智能视频加速和AR场景。基于5G架构的MEC解决方案如图3-9所示。

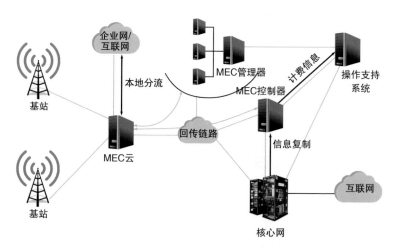

图3-9　基于5G架构的MEC解决方案

2. 5G云端渲染技术——满足用户体验"优"

高质量的VR/AR内容是促进行业消费和市场壮大的重要因素之一。只有具备强大的计算能力和图形处理能力的高端硬件，才能满足高质量的VR/AR内容渲染。5G云端渲染技术将高性能的GPU处理器放在云端，降低了终端设备的计算压力和复杂度，降低了终端成本，同时保证了终端的移动性和高质量的VR/AR内容。VR/AR内容服务提供商能够在云上对内容进行实时管理，给用户提供差异化服务体验。

3. 5G超高清显示技术——满足用户体验"清"

5G的超高可靠与低时延通信（ultra-reliable and low latency communications，uRLLC）带来的超高清、超低时延特性以及eMBB对速率的大幅提升，使得5G成了超高清4K/8K发展的沃土。超高清的画质能够尽可能接近真实世界，使用户产生沉浸感，画质还直接决定用户是否会产生眩晕感。超高清4K仅是产业发展的起点，8K甚至更高清显示技术是接下来VR产业需要探索的技术点之一。VR/AR对处理像素的要求是成倍增加的，这就对视频渲染能力提出了更高的要求，"超高清4K/8K+5G"将加速VR/AR的推广和落地。

（三）VR/AR未来在智能家居中的模式

VR被很多巨头认定为是"下一个通用计算平台"，有了VR这种全新的交互方式，未来可以将VR设备变成智能家居系统的一个交互终端。当用户戴着头盔玩游戏，大汗淋漓时，家里的智能恒温器会根据用户的热能情况开始为用户调节温度，使用户瞬间觉得凉爽了许多。未来将智能家居硬件设备集成到VR上，将其作为一个操作的平台，上述场景就完全可以实现了。

目前的AR和智能家居的结合可以增强现实感，在原有基础上使体验更逼真，比如在家庭娱乐上，AR设备和智能化影音娱乐系统、游戏等结合。

三、5G与家庭安防的融合

随着5G技术的推广及应用，5G与家庭安防进行深度的融合，主要表现在以摄像头为代表的视频监控类和以智能传感器为代表的自动感应类两个方面。在5G时代，数据的传输效率得以大幅度提升，视频画面的精细度和实时性产生了质的飞跃，这对于视频监控类的发展有着巨大的推动作用。5G的广连接特性极大地扩展了家庭安防的范围，可以支持更多智能传感器的接入，从而可以产生更多维度、更多视角的监测数据。这对于自动感应类设备的发展有着深刻的影响。

（一）家庭安防的起源和发展

随着物联网技术的飞跃式发展，家中的安防设备由最初的单设备、单方面零星监测发展为多设备、全方面系统化监测。多种传感器和自动监测设备组成一套完整的家庭安防系统，其监测准确度和效率得到了大幅度提升。但在4G时代，家庭安防系统大都停留在被动监测阶段，需要人为干预。系统监测到异常情况后，需要有人去查看并进行相关处理，使系统再次恢复正常，因此整个系统不能进行自主化响应，更像一个自动化系统而非人工智能管家。真正的人工智能管家可以监测主人的作息规律、出行规律、喜欢的布防方式及区域，以及其他一些个性化的需求，据此做出正确预测、判断并进行主动布防。遇到问题时可以自主化处理，整个过程不需要人为干预，效率高，安全性更有保证。而随着5G技术的商用落地，物联网和AI技术得到了更大的发展，家庭安防必将慢慢迈入主动监测时代，人工智能管家的梦想将逐步实现。

随着5G技术的商用，我们可以在设备端直接插入一张5G卡，通过5G技术实现和云端的直连，这样就避免了Wi-Fi网络环境对信息传输的影响，使得家庭安防系统的数据传输速度更快、传输更稳定，用户体验也会随之达到一个更高的层次。

（二）家庭安防类应用产品

家庭安防系统的第一道防线就是智能摄像头等组成的入门区域布防。目前该区域大多采用视觉分析和人体特征识别技术，如借助智能猫眼、智能可视对讲、智能门禁、虹膜识别等。家庭安防系统的第二道防线则是借助各个房间内的智能传感器等自动感应设备，对家庭的其他空间区域的布防，包括客厅、卧室、厨房、阳台等。这两道防线是家居生活的安全保证，我们可以据此建立起一套稳定的可持续更新的家庭安防系统。基于家庭安防系统的这两道防线，很多经典、实用的家庭安防类应用产品应运而生。

1. 智能摄像头

目前市场上的摄像头的成本已经很低，但功能却很实用，甚至一个百元级别的摄像头就已经同时具备了拍视频和拾音功能，成了我们家居生活的"智慧眼"和"聪慧耳"，时刻为我们的家居生活保驾护航。目前市场上的摄像头品类繁多，样式不一。常见的智能摄像头如图3-10所示。常见的品牌包括海康威视、大

图3-10　常见的智能摄像头

华、三星、索尼、松下等。其中基于摄像头进行整合的智能产品也琳琅满目，最具代表性的是智能猫眼和智能可视对讲。

（1）智能猫眼。

常见的智能猫眼成像像素高，镜头视野大，一般具有移动侦查、逗留抓拍报警、红外夜视等一系列超实用的安全防护功能，而且支持手机App远程查看。当我们不在家时，也可以实时查看家门前的情况，哪怕是在夜里，也可以通过红外夜视功能去查看，真正地实现安心、省心和放心。

（2）智能可视对讲。

智能可视对讲是住宅区内常见的业主和来访者之间进行影像通信的设备，它一般具有摄像、呼门、对讲、监控、夜视、室内开锁等一系列安防功能，包括门口主机和室内可视分机两部分。我们可以通过室内可视分机在与来访者对话的同时，查看来访者的影像，待确认来访者的身份信息后，可以通过开锁按钮或手机App中的开锁键来实现远程开门的功能，具有较高的安全性。

智能可视对讲支持高清晰视频对话，在低时延、高带宽的 5G时代，其通话质量和流畅度会得到质的提升，同时智能可视对讲成本低，功耗小，而且无布线的限制，只要在覆盖的范围内，就可以实现轻松接入。智能可视对讲还可进一步增强家居生活的安全性。

2. 智能传感器

所谓智能传感器，其实就是具有信息处理功能的传感器。与一般的传感器相比，智能传感器具备更为突出的特点，包括但不限于高精度信息采集、功能多样化、一定的自动化编程能力。目前市场上的智能传感器在家庭安防中的应用很多，主要集中在两大领域：环境监测传感和安防感应传感。

环境监测传感器主要用于监测家庭内各种环境参数的变化，包括温湿度、照度、气味、$PM_{2.5}$浓度等。主要的环境监测传感器有温湿度传感器、照度传感器、气味传感器、颗粒物传感器等。

安防感应传感器主要用于保障家庭财产和人身安全，包括各种气体传感器，如一氧化碳传感器、VOC（volatile organic compounds，挥发性有机化合物）传感器、可燃气体传感器、烟雾传感器等，同时还包括门磁传感器、窗磁传感器、声音传感器、人体感应传感器等。

四、5G与家庭网络设备的融合

（一）家庭网络设备的发展历程

家庭网络设备的诞生和发展是跟随着互联网的不断发展而演进的。互联网的诞生要追溯到1983年，美国国防部成功研制了用于异构网络的TCP/IP协议，互联网在美国诞生。但早期的互联网主要应用于军事和科学领域，并没有进入家庭。直到1990年万维网（world wide web，WWW）和超文本标记语言（hypertext markup language，HTML）的出现，才促使互联网开始进入普通用户家庭，与此同时，家庭网络设备才开始出现。当前主流的家庭网络设备为基于光纤的智能家庭网关和基于以太网的家庭路由器，而随着5G的大规模普及，基于5G的家庭网络设备必将获得长足发展。

伴随着家庭互联网由窄带走向宽带，由百兆迈向千兆，家庭网络设备的发展也同样经历了4个阶段，如图3-11所示。

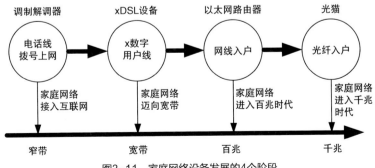

图3-11　家庭网络设备发展的4个阶段

（二）当前家庭网络设备的不足

家庭互联网自诞生以来，经过30多年的发展，历经了窄带、宽带、百兆、千兆多个阶段，对应的家庭网络设备也从早期的调制解调器、xDSL设备、以太网路由器发展到最近的家庭智能网关，这些家庭网络设备迄今为止都是必须通过有线连接（电话线、以太网或光纤）来为家庭网络用户提供互联网接入的。其中主要的原因有以下两点：

1. 技术原因

在互联网接入用户家庭的"最后1km"，每个阶段对应的无线技术均无法像同时期的有线技术一样满足接入要求。比如目前主流的商用光纤接入网络，其传输距离通常为2~5km（多模光纤收发器），最大甚至达到20km，下行传输速率稳定在1~10Gb/s。而目前主流的商用4G虽然传输距离可以与有线网络相当，但网络下行速率理论值在100Mb/s，而实际使用过程中4G用户的平均下载速率为20Mb/s左右，远远低于有线网络。

2. 成本原因

对负责接入的网络运营商来说，在人口居住稠密的地区铺设有线网络接入的户均成本比较低。因同一栋大楼通常有多个用户家庭，运营商只需将光纤网络铺设到楼，然后通过分光器接入每个用户家庭即可。但对于无线网络接入方式，比如4G网络，如果需要在人口密集地区支持大规模无线上网接入，则需要大规模增加基站，成本极高，同时家庭网络设备需要集成4G网络发射和接收模块，成本远高于有线网络家庭设备。

鉴于以上原因，虽然美国、日本、韩国等发达国家和我国家庭宽带普及率已经非常高，但从全球范围来看，家庭宽带普及率仍不到50%。在这些未加入宽带的家庭中，很大一部分均属于人口稀疏地区，或地形、政策比较复杂的地区，比如很多国家的土地、路权、物权的相关审批非常困难，导致光纤、网线等通过有线接入互联网的方式根本行不通。

（三）5G CPE实现家庭网络全地域覆盖

5G的诞生无疑为解决家庭网络设备全地域覆盖这一难题带来了新的机遇，因为5G最高下行速率已经与光纤相当。根据国际电信联盟对5G关键能力要求的定义，5G用户体验速率为100Mb/s~1Gb/s，比4G有了10~100倍的提升，技术上不是问题；另外，5G的连接密度达每平方千米100万台，比4G有了10倍的提升，单台成本大幅降低。5G与家庭网络相结合的设备又称5G CPE（客户前置设备），5G CPE是一种接收移动信号并以以太网和无线Wi-Fi信号转发出来的移动信号接入设备，也可以理解为是一种将高速5G信号转换成以太网和Wi-Fi信号的设备。

1. 5G CPE 组网方式

用5G CPE作为家庭网络设备来完成家庭接入互联网，主要有室内组网和室外组网两种方式。

（1）室内组网方式。

室内组网方式中，5G CPE被放置在每个家庭内部，5G CPE直接与5G基站相连。这种组网方式适用于家庭住宅比较密集的场景，如图3-12所示。

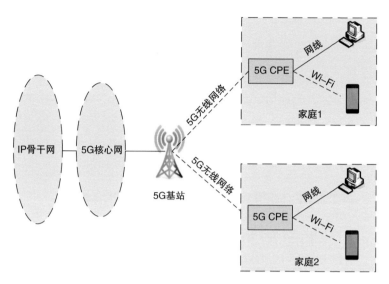

图3-12　5G CPE室内组网图

在图3-12中，5G CPE被放置在用户家庭内部，通过5G信号与5G基站接入5G核心网，实现家庭网络接入互联网。在用户家庭内部，5G CPE可支持若干个千兆以太网接口及Wi-Fi无线网络接口。

（2）室外组网方式。

室外组网方式中，负责接力的5G CPE需要被放置在室外，除了完成该5G CPE附近的家庭用户接入以外，还需要完成5G信号接力功能。该方式适用于住宅与5G基站之间的距离比较远（通常在5km以上）的场景，如图3-13所示。

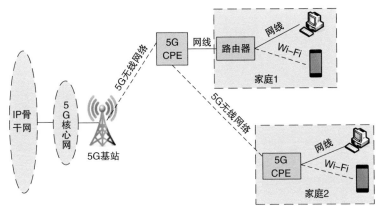

图3-13　5G CPE室外接力组网图

在图3-13中，因为家庭2离5G基站距离非常远，所以家庭2的信号太弱甚至没有信号，但家庭1离基站比较近，而家庭2离家庭1距离适中，此时家庭1的5G CPE被放置在家庭1的外部，该5G CPE被称作接力5G CPE。接力5G CPE通过5G基站接入5G核心网，家庭1通过以太网接入接力5G CPE完成家庭网络接入互联网功能，而该接力5G CPE同时把5G信号接力，使得另外一个或多个家庭可通过放置在家庭内部的5G CPE通过该接力5G CPE完成网络接入功能。

2. 典型的5G CPE

典型的5G CPE外观如图3-14所示。5G CPE通常有1~4个下行千兆以太网口、1个电源按键、1个USB调试口、1个复位按键和若干指示灯。另外，5G CPE的5G模块和Wi-Fi模块均需要较大尺寸的天线，所以从尺寸上看其高度比较高，以便足够布置5G和Wi-Fi的天线。

图3-14　典型的5G CPE外观图

5G CPE技术特点主要包括5G接入、Wi-Fi 6和Mesh。

（1）5G接入。

5G CPE上行接口不再是用光纤或以太网等有线接入，而是采用5G无线接入。5G无线接入使得5G CPE有良好的移动便利性，同时5G网络带宽高，峰值速率为10~20Gb/s，用户体验速率为100Mb/s~1Gb/s，使得5G CPE有与光纤接入媲美的速度。5G CPE接入5G网络的速度通常会远超5G手机，因为5G CPE天线有大尺寸的天线，增益更强，在各种严苛的环境下能拥有比手机更强的信号和更高的接入速率。

（2）Wi-Fi 6。

当前主流的路由器和家庭网关的Wi-Fi仍为Wi-Fi 5或以下，而5G CPE支持Wi-Fi 6。Wi-Fi 6又称为802.11ax，是第6代无线局域网技术，也是最新的无线局域网技术。与上一代Wi-Fi 5相比，其主要特点是速度更快，时延更低，容量更大，更安全，更省电。Wi-Fi 6的最大传输速率为9.6Gb/s，为Wi-Fi 5的3倍；Wi-Fi 5仅支持下行多用户多输入多输出（multiple user-multiple input multiple output，MU-MIMO），而Wi-Fi 6同时支持上行和下行MU-MIMO，大大改善了网络拥堵和时延；Wi-Fi 6使用了正交频分多址（orthogonal frequency division multiple access，OFDMA）技术，每个信道都可以高效率传输数据，容量更大；Wi-Fi 6采用WPA3安全协议，安全性更高；Wi-Fi 6使用了目标休眠时间（target wake time，TWT）技术，允许设备与无线路由器规划通信时间，减少无线网络使用及信号搜索时间，使得设备更省电。

（3）Mesh。

5G CPE支持Wi-Fi Mesh，Wi-Fi Mesh又称无线网络或多跳网络。Mesh主要解决家庭Wi-Fi信号覆盖的问题，比如把5G CPE放在大厅，而与大厅隔了几堵墙的房间的Wi-Fi信号比较差，此时用Mesh技术即可解决信号差的问题。只要在其他房间增加一个Mesh客户端设备即可，该客户端上行方向通过Wi-Fi连接到5G CPE，下行方向通过Wi-Fi为其他无线设备提供Wi-Fi接入。Mesh客户端的热点名称与5G CPE完全一致，使用Wi-Fi的终端可自由在房间和大厅内移动，5G CPE会根据自动与Mesh客户端交互来决定Wi-Fi终端是直接连接到5G CPE还是连接到Mesh客户端。Mesh客户端、5G CPE通常都有尺寸较大的Wi-Fi天线，这使得Mesh客户端和5G CPE之间的Wi-Fi连接稳定性比普通设备更强，同时这些天线的方向可以根据用户家庭环境动态调整，使得用户Wi-Fi体验达到最佳。

五、5G与机顶盒的融合

在当今智能化、数字化的背景下，数字机顶盒为千家万户提供了数字视频服务。但数字机顶盒需要基于有线网络的高速稳定的带宽，所以从全球范围来看，数字视频服务覆盖的比例并不高。原因是在全球很多地区尤其是偏远地区铺设有线难度大，成本高。而5G网络带宽高，铺设难度低，基于5G的机顶盒正好可以满足这部分用户的需求。

（一）机顶盒的来龙去脉

纵观机顶盒的发展历程，每一个阶段均与数字技术和互联网技术的发展息息相关，从模拟走向数字，从单向变为双向，从标清到4K，从IP走向智能，如图3-15所示。

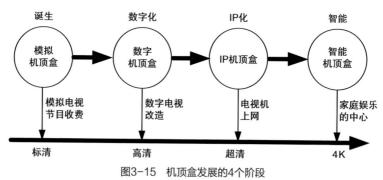

图3-15 机顶盒发展的4个阶段

IP/智能机顶盒组网如图3-16所示。IPTV后台服务器中，BOSS（business operation support system，业务运营支撑系统）完成机顶盒业务的鉴权、收费等功能，ITMS（integrated terminal managenert system，综合终端管理系统）完成网管和服务器质量相关功能。除了BOSS、ITMS以外，还有特有的内容分发网络（content dilivery network，CDN），CDN是为处理IPTV机顶盒特有的大规模视频并发构建在现有网络基础之上的智能虚拟网络。其依靠部署在各地的边缘服务器，通过中心平台的负载均衡、内容分发、调度等功能模块，使用户就近获取所需内容，降低网络拥塞，提高用户访问响应速度和命中率。

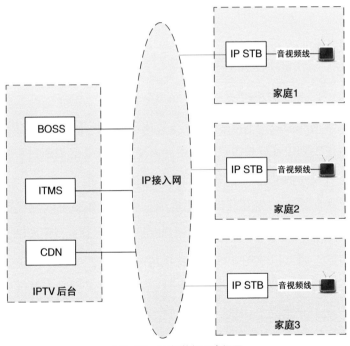

图3-16 IP/智能机顶盒组网

典型的智能机顶盒外观如图3-17所示。智能机顶盒通常运行Android系统，主处理器（CPU）采用高性能四核主频2.0GHz以上处理器，并且集成高性能多核图形处理器（GPU），内置8GB

存储、1GB内存，支持2个USB2.0，10M/100M自适应以太网，2.4G/5.8G双频Wi-Fi和蓝牙，支持数字音频接口和一路复合音视频传输端口。

图3-17　典型的智能机顶盒外观图

（二）机顶盒的覆盖盲区

机顶盒自诞生以来，经过30多年的发展，历经了模拟到数字，单向到双向，标清到高清乃至4K超高清，从cable（有线电视电缆）到IP直至智能化，机顶盒迄今为止都是必须通过有线连接（有线同轴电缆、光纤或以太网）来提供业务。

众所周知，在互联网的建设中，骨干网和城域网建成比较快，而成本最高的部分在于到用户家庭的最后1km。在人口密集的地区，因人口众多，运营商建设最后1km的户均成本较低，而在广大的农村或山区等人口稀疏的地区，铺设和维护有线网络的户均成本非常高。因此，虽然如今我国宽带网络用户已经高达3.7亿户，但从全世界的范围来看，在很多人口密集的不发达地区和广大的人口稀疏地区，很多人还没能用上智能电视。

（三）5G助力，智能机顶盒将无处不在

近2年来，各国主要的运营商开始大力推进5G基站的建设，促进5G网络的商用。工信部透露，截至2019年底，全国已建成5G基站超13万个，预计2020年三大运营商新建5G基站数将大大增加，初步估算将至少为68万个。中国移动方面预计在2020年为全国所有地级以上城市提供5G商用服务。随着各大运营商5G建设力度的不断加大，预计在2025年即可实现5G信号全面覆盖。

鉴于此，如果将智能机顶盒与5G相结合，使得智能机顶盒通过5G接入互联网，那么借助5G高带宽、低时延的特性，智能机顶盒视频相关业务对网络带宽的要求将得到满足；借助5G信号的逐步全面覆盖，机顶盒对很多人口密集的不发达地区和广大的人口稀疏地区的覆盖要求将得到满足。为何4G不行？我们知道，4G网的最大下行峰值是100Mb/s，而实际使用中平均不到20Mb/s，无法满足当前数字电视的带宽要求，而5G下载速度理论峰值高于10Gb/s，平均下载速度也在100Mb/s以上，完全可以满足当前及后续的4K/8K高清视频播放的需求。所以说，5G的诞生和商用无疑为智能机顶盒全面覆盖提供了强有力的保障。

1. 5G机顶盒组网方式

5G机顶盒组网方式如图3-18所示。5G机顶盒通过5G基站接入5G核心网，通过5G核心网接入IP骨干网与机顶盒后台BOSS、ITMS及CDN互通。借助5G基站，5G基站到用户家庭之间的网络最后1km不用铺设有线网络，极大地方便了5G机顶盒进入很多人口密集却没有接入互联网的不发达地区和地域广阔的人口稀疏地区。

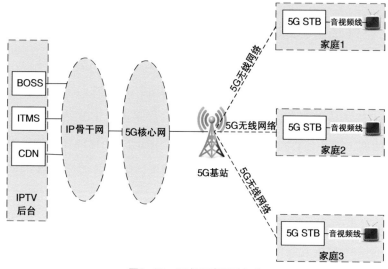

图3-18　5G机顶盒组网方式

2. 典型的5G机顶盒

典型的5G机顶盒的CPU为8核64位高性能Cortex-A73处理器，集成高性能多核GPU（Mali-G52 MC6），集成高算力引擎的独立NPU；最大支持8K@120f/s解码。5G方面：支持5G NSA（非独立组网）和SA（独立组网）网络架构，支持5G NR Sub6、FDD-LTE、TDD-LTE、WCDMA多种制式的远距离通信模式，5G模块需要插入运营商的SIM卡。5G模块与CPU之间通过PCI-e3.0（第三代外围设备互联标准）和USB3.0接口通信。典型的5G机顶盒外观如图3-19所示。

图3-19　典型的5G机顶盒外观图

5G机顶盒的技术特点主要有5G接入、8K解码和AVS3.0。

（1）5G接入。

5G机顶盒有外置天线，这些天线供机顶盒的5G模块接入5G基站使用。因室内5G信号可能会比较差，而外置天线的引入可以大幅提高机顶盒5G信号的灵敏度。根据国际电信联盟对5G关键能力要求的定义，5G的峰值速率为10Gb/s，用户体验速率为100Mb/s~1Gb/s，连接密度为每平方千米100万台设备，网络时延最低为1ms，流量密度每平方米达到10Mb/s。而在机顶盒中，5G模块与机顶盒CPU之间通过PCI-e3.0接口连接。根据PCI-SIG（PCI特殊兴趣组织）的定义，PCI-e3.0协议支持8.0GT/s，即每一条通道上支持每秒钟内传输8G个Bit。而PCI-e3.0的物理层协议中使用的是128b/130b的编码方案，即每传输128个Bit，需要发送130个Bit。那么，PCI-e3.0协议的每一条通道支持$8 \times 128/130 = 7.877$Gb/s=984.6Mb/s的速率，而且通常PCI-e3.0可使用多个通道，其传输速率完全满足8K极清视频对带宽的要求。

（2）8K解码。

当前主流的机顶盒均为4K（4096像素×2160像素或3840像素×2160像素，4K指的是屏幕分辨率，当分辨率处于4096像素×2160像素时，4096表示水平方向的像素数，2160表示垂直方向的像素数）解码，帧数为60f/s，图像深度为10位。而8K的分辨率达到7680像素×4320像素，帧数达到120f/s，图像深度达12位。8K的分辨率约是4K电视分辨率的4倍，有非常明显的纵深感和真实感。纵深感可以让观众更加沉浸在电视画面中，真实感可以让观众体验到更逼真的画面效果。8K电视的另外一个优势是它的峰值亮度也很高，一般来说，普通4K电视的峰值亮度只能达到1000cd/m²左右，但是8K电视的峰值亮度能达到4000cd/m²以上。超高的峰值亮度可以拉高整体的动态范围，比如那种光影分明的画面，就会更加逼真。

（3）AVS3.0。

对于8K@120f/s的片源，需要高效的压缩/编码方法来压缩，否则带宽太大。适用于8K片源的编码方式主要有H.266和AVS3.0。H.266标准主要由微软、高通、三星、英特尔、索尼、夏普、LG、爱立信等国际公司和国内的华为等公司制定。视频编码技术的任何一个标准都是由大量的技术专利来支撑的，一般会有800~1000族技术专利，因此在制定H.266标准的企业中，国外企业居多，专利许可比较乱，且专利费用非常高，对产业发展有很大影响。AVS3.0是我国具有自主知识产权的数字音视频编解码技术标准，是由数字音视频编解码技术标准工作组（AVS工作组）制定的。通过AVS3.0编码技术，8K片源的码率被有效地压缩到100Mb/s以内，大大节省了网络带宽。5G机顶盒目前采用的正是具有自主知识产权的AVS3.0标准，这对国家技术安全、音视频编码产业安全、相关企业安全来说，都具有划时代的意义。

六、5G与AIoT的融合

（一）AIoT：路从IoT中来

5G作为AI（人工智能）与IoT（物联网）技术的桥梁，为AI技术提供了海量的数据支撑，从而推进了AI算法的迭代。同时在IoT领域，5G技术的目标服务对象从手机演化到了一切智能设备，它支持更多智能设备的接入，且其支持的智能设备数目的上限将得到进一步的提升，同时，其低时延的特性也提高了IoT系统的响应速度。AIoT（人工智能物联网）的产生及其与5G技术之间的关系如图3-20所示。

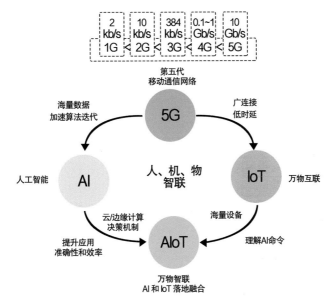

图3-20 AIoT的产生及其与5G技术之间的关系

随着AIoT技术的发展，人机交互的方式也在不断更新，如图3-21所示。在PC互联网时代，人机交互方式是基于手柄、按键、遥控的物理控制。随着移动通信和互联网的结合，在2000年我们进入移动互联网时代。随着2007年IOS和Android系统的相继发布，手机开始成为我们主要的信息沟通工具，人机交互方式由此延伸到了触控面板和手机App控制。2017年开始，业界开始提出AIoT的概念，人机交互的方式开始趋向本体交互，即基于人和人之间交互的基本方式，如语音、动作、视觉等。现阶段，随着AI语音技术的快速发展，人机交互的方式拓展到了全面的语音控制，包括近场语音控制和远场语音控制。随着2019年5G的商用落地，5G和AIoT技术开始不断地深入融合，人机交互的方式将进一步延伸到基于机器视觉的隔空控制，如通过对我们的表情和手势的识别进行控制。在不久的将来，人机交互方式将会变得更加贴心，甚至可以实现基于自主大脑的无感控制。

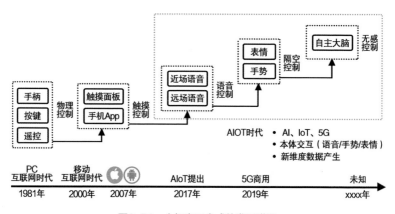

图3-21 人机交互方式的发展进程

其实在人机交互方式的不断更迭中，我们可以明显看到智能化设备在不断地适应我们的沟通习惯，这也就预示了人机交互的门槛会变得越来越低，未来会有越来越多的用户体验智能化生活。与此同时，由于人机交互方式的不断更迭、演进，海量的新维度的数据被源源不断地创造出来，例如在移动互联网时代我们的地理位置信息、阅读习惯等。在AIoT时代，我们的语音指令使用频率、智能设备在线数等维度的数据也会被记录下来，甚至可能还有很多新的我们未曾注意到的新维度的相关数据。由于数据是AIoT发展的基础和灵魂，因此正是这些新维度的数据为AIoT的发展创造了无限的可能。

（二）AIoT：万物智联的未来

以时间为维度，AIoT的发展已经走过了设备独立响应的单品智能时代。该时代的显著特性在于设备独立响应相关指令，设备与设备之间不发生联系，孤岛效应明显。目前正处于互联智能时代，在该时代，设备互联为场景智能的出现提供了肥沃的土壤，产品链间的协同创新能力得以大幅度提升。未来，随着5G技术的大规模商用，据行业内相关人士预测，AIoT将逐渐进入主动智能时代，在该时代，产品生态链间的沟通成本将进一步降低，孤岛效应问题将不复存在，同时着力发展场景化服务。AIoT系统可以主动记录用户的全部个性化信息，包括行为习惯、爱好、用户画像、家庭环境等，通过自我学习和训练，24小时待命，在适当的时候为用户主动提供相对应的场景化服务。

目前，全球第二大市场研究机构Marketsand Markets预测，全球AIoT市场规模呈现不断扩大的趋势，且年复合增长率高达26%，预计到2024年全球AIoT市场规模将突破160亿美元，而其中年均复合增长率最高的便是亚太地区。同时乌镇智库的不完全数据统计显示，目前全球AIoT企业已突破2270家，而其中中国的AIoT企业数占比近1/4，由此可见，AIoT在中国表现出了强大的生命力和可拓展性，其市场发展潜力无穷。AIoT也被人们称为"智联网"，被视为继计算机、互联网、物联网之后，世界信息产业发展的第四次大浪潮，是一个全新的经济增长点。

AIoT在未来的发展进程中也面临着诸多挑战，如图3-22所示。在云计算层面，云计算能力决定了AIoT系统的响应速度和处理效率，但其依赖于相关的服务器、存储器、云调度及云终端等关键技术的突破。在边缘计算层面，边缘计算可以增强设备的本地唤醒、远讲降噪、本地识别能力，但目前边缘计算基础薄弱，还远没有到可普及的程度。在网络层面，网络质量直接影响着AIoT系统的实时性和稳定性，但目前网络依然存在着干扰严重和频谱资源不足的问题。在AI层面，AI是云计算和边缘计算之间的一种分布式协调机制，它决定了哪些重要数据需要及时上报到云端处理，哪些数据可以不需要经过云端直接在本地处理，但目前AL芯片需求很高，国产芯片能力却不足，而且AI模型训练过程太过漫长，同时还存在兼容性问题。在安全性层面，随着物联网数据指数级别的增大，数据安全仍然面临较大的考验。在标准化层面，目前还没有制定出一个业界统一认可的行业标准，AIoT生态链漫长，产品形态不一，数据孤岛问题严重。

图3-22 AIoT发展面临的挑战

（三）5G和AIoT的3种应用形态

IoT旨在解决底层的连接及数据的传输问题，而AIoT则关注的是IoT的后端的应用形态。基于5G标准去整合5G的相关服务，然后通过5G服务去全力支持5G的相关应用，继而通过5G和AIoT深入融合的相关应用去颠覆传统行业，以打破旧的产业格局，实现全方位的产业升级，这将是5G时代下AIoT的发展方向。

目前越来越多的企业开始进入AIoT领域，5G融合AIoT技术将在智能化领域的各个方面引领科技潮流，如城市、家居、制造、交通、医疗、办公、旅游等。基于5G和AIoT技术的相关应用形态也如雨后春笋般涌现出来，其中在智能家居方向，最常见的应用形态包括可视化大数据平台、物联网控制系统、场景化服务等。

1. 可视化大数据平台

数据是AIoT应用的基础，所有AIoT应用都是基于数据的采集、分析后再作出相应的决策处理。由于AIoT系统的实时性，其数据源源不断地产生。这些数据既包含相关的设备信息，也包含个人或企业用户的关键性信息。通过AIoT相关技术接口获取这些有用的数据，并从中提炼出一些关键性的数据指标，如设备在线数、设备新增数、语音使用分布、设备分布情况、语音识别率、场景执行率等，使其以可视化的方式展示出来，从而为AIoT企业的发展提供战略化技术支撑，这便是可视化大数据，也是AIoT的众多应用形态中最为常见的一种。

　　数据的可视化是AIoT发展的灯塔，它可以为企业开发更多的应用提供一定程度上的智能化辅助，这对AIoT相关企业的发展尤为重要。数据可视化的展示方式五花八门，除了常见的传统饼图、柱状图、折线图之外，还可以以词云、瀑布图、气泡图、面积图、漏斗图、省份地图、GIS地图等多种酷炫的形式展示。但无论以哪种形式展示，对AIoT企业来说，一般这些AIoT数据图表都会依托企业的可视化大数据平台展示出来，如图3-23所示。目前市场上众多AIoT企业都开发了属于自己的可视化大数据平台，包括华为公司、海尔公司、创维公司等。

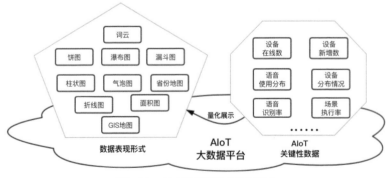

图3-23　AIoT的可视化大数据平台

2. 物联网控制系统

在智能家居领域，IoT的实质是万物互联，是将家庭内的设备连接起来实现一些基础的自动化控制功能。而AIoT的实质是万物智联，它是在IoT系统的基础上融合AI技术实现家居设备的个性化、场景化、智能化连接，使得家庭自动化升级为家庭智能化，从而全方位提升用户的家居生活体验。

家庭智能化的实现需要依托一个完善的物联网控制系统。目前，AIoT领域还未形成一个统一认可的行业标准，仍然呈现出一种百花齐放、百家争鸣的态势，各AIoT企业都在依托自身的智能产品形态和核心竞争力积极搭建自己的AIoT生态系统，全力打造独具特色的物联网控制系统。常见的物联网控制系统如图3-24所示，即一套基于云计算、边缘计算、控制端、智能设备相互融合响应的控制系统。控制系统基于AI的决策能力，判断数据是在云端还是在本地处理。整个物联网控制系统既可以完成控制端命令下达、云计算/边缘计算、智能设备端响应的人为触发控制，还可以实现智能设备端主动数据采集、边缘计算/云计算、控制端信息同步的自主感知控制。同时当用户通过物理按键控制智能设备时，智能设备的状态也会同步到控制端，从而保证整个物联网

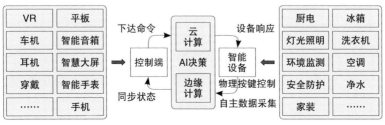

图3-24　AIoT物联网控制系统

控制系统的设备状态的实时性和统一性。

目前市场上公开的物联网控制系统很多，包括华为公司依托自己的通信优势开创的HiLink系统，小米公司基于自身物联网生态的米家系统，创维公司依托大屏4000万+用户优势的小维智联系统，京东公司基于线上开放平台的京鱼座，美的公司依托全品类小家电系列的美居系统，海尔公司基于智能家居系列的U-home系统等。

3. 场景化服务

在AIoT时代，AI算法会被越来越多地应用在场景化服务上。与此同时，AIoT相关的场景化服务也为AI算法提供了海量的数据支撑，尤其是针对场景化服务的相关数据，这些数据会反过来进一步推动AI算法的加速迭代，从而实现家居生活智能化的目的。因此在智能家居领域，场景化服务将是AIoT应用的主要方向之一。

随着AIoT技术的不断发展，场景化服务的表现形态也在不断更新，如图3-25所示。AIoT系统海量的智能设备为智能化服务提供了强大的支撑，设备的单点模式是场景化服务最初的表现形态，例如通过智能音箱发出单一的语音命令，单点控制相对应的独立设备的开关。随着设备之间互联互通的实现，通过云计算或边缘计算可以控制多个终端响应，场景化服务升级为了互联模式形态，此时的场景多为需要预先设置的被动场景，例如在用户要休息时，可以发出类似"我要睡觉了"的语音场景执行指令，此时家里的设备便会按照睡眠场景设定好的动作进行统一执行，不必要的设备自动关闭，窗帘自动关上，灯光会慢慢熄灭等。随着

5G技术的落地，5G将极大地释放云端AI能力，AIoT将进入主动智能时代，场景化服务将化身为管家模式形态，此时的场景多为主动场景，AIoT系统的执行将不再依赖于用户的语音场景指令，而是主动记录用户的全部个性化信息，然后进行自主学习和训练，24小时待命，在适当的情景下主动为用户提供相对应的场景化服务。

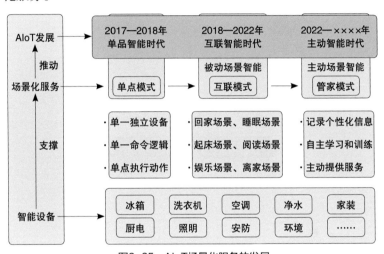

图3-25　AIoT场景化服务的发展

随着传感器技术的发展和5G时代的来临，将会有更多的企业提供更为贴心的场景化服务，家居生活的智能化体验将进一步提升。

5G 的世界　智能家居

第四章

智能家居与5G融合的创新产品

一、智能家居系统

（一）5G化智能家居系统新定义

在5G普及加速的前提下，未来的家庭场景中，智能家居里所有的智能家电都可以通过5G连上网络，连接服务器，融入物联网的大场景中。在5G网络良好覆盖及大带宽的基础上，一方面可以解决目前智能家居中常见的设备掉线、网络卡顿等体验不好的问题；另一方面也能让家庭通过5G进行无线协议转换，从而使家庭拥有良好的无线网络覆盖，满足各种类型智能家电的无线网络连接需求。

智能家居系统是其中的一个重要环节，通过智能家居系统，家电将会智能化、网络化，可以互联互通，人与家电的交互体验可以更加多样化。同时智能家居系统具备健康、便捷、舒适、安全、节能的基本特征，满足人们对美好生活的追求。

智能家居系统以科技促进美好生活愿景的实现，因此设计智能家居系统的时候，需要考虑前后兼容及跨系统兼容等问题。一般来说，一个完备的智能家居系统应该具备以下3个特征：

（1）先进性和可行性。

智能家居系统是一种基于家居环境智能化的家居网络系统，结合高科技数码技术、网络通信技术、物联网通信技术、人工智能技术等，特别是在音视频上采用先进的编解码技术、压缩技术，实现对音视频信号的实时动态传输。

（2）开放性和标准性。

智能家居系统的架构基于行业内互联互通技术标准，可提供平台实现不同厂商、不同家电设备的互联、互通和控制。同时考虑智能终端系统实时运行，并且与用户的生活密切相关，为了保证产品长期稳定运行，智能终端系列产品都采用兼容性开发，后续上市的产品可以直接替换现有的产品，并实现相同的功能。

（3）可扩展性和易维护性。

考虑网络技术、客户需求的升级，智能家居系统设计为标准逻辑架构，在不升级室内智能终端软件和硬件的情况下，能够根据物业和用户的后期发展需要，通过服务器的标准接口连接即可方便地扩展连接家庭甚至社区内的其他系统，如停车场系统、抄表系统等。

（二）智能家居系统架构方案

如图4-1所示，智能家居系统整体控制及软件架构从底层技术到应用垂直可划分为4个层级，分别为设备接入层、边缘处理层、云平台层和应用服务层。

1. 设备接入层

设备接入层包含不同类型的智能设备及信息采集点，如智能家电设备、办公及会议设备、环境传感设备、智能安防设备及语音接入设备等，并通过多种网络通信方式与上一层级进行连接，包括近距离无线通信（如ZigBee、Wi-Fi、蓝牙、RFID、NFC等），远距离无线网络（如5G、4G、GSM、GPRS、GPS、3G等），有线方式（如以太网、现场总线等）。

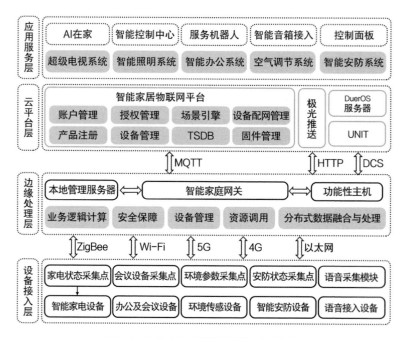

图4-1　智能家居系统整体控制及软件架构

2. 边缘处理层

为了弥补集中式云计算的不足，边缘计算的概念应运而生，它是指在靠近实物终端或数据源头的网络边缘侧，对网络、计算、存储、应用核心能力等进行融合的分布式开放平台，为底层的智能终端设备提供边缘智能服务。常见的边缘处理设备包括智能家庭网关、本地管理服务器、功能性主机，为底层提供业务逻辑计算、安全保障、设备管理、资源调用、分布式数据融合与处理等服务。

3. 云平台层

云平台层通过云计算中心提供云服务，主要包括自身的智能家居物联网平台和第三方服务商平台（如语音服务平台等），为下层提供账号管理、授权管理、场景引擎、设备配网管理、产品注册、设备管理、TSDB（时序数据库）、固件管理等服务，所有数据都通过网络传输到云计算中心进行处理，资源得以高度集中与整合，使得云计算物联网平台具有很高的通用性。

4. 应用服务层

如图4-2所示，典型的智能家居系统的应用服务主要包含五大智能子系统、三个类别共十大应用场景，人们可通过各种智能控制中心、服务机器人、手机端应用App或者语音交互等各种方式进行交互体验，享受智能家居系统带来的舒适、便利的服务体验。

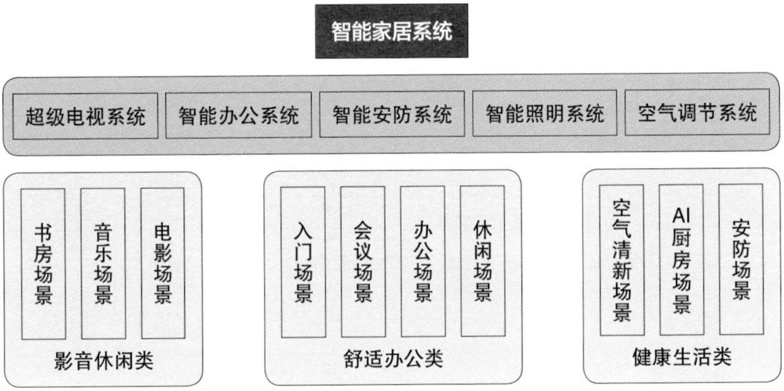

智能家居系统

超级电视系统	智能办公系统	智能安防系统	智能照明系统	空气调节系统

| 书房场景 | 音乐场景 | 电影场景 | | 入门场景 | 会议场景 | 办公场景 | 休闲场景 | | 空气清新场景 | AI厨房场景 | 安防场景 |

影音休闲类　　　　　　　　舒适办公类　　　　　　　　健康生活类

图4-2　典型的智能家居系统的应用服务

（三）智能家居系统组成剖析

智能家居系统汇聚了新一代AI画质增强技术、语音精准识别技术、人体多重感应技术、舒适环境分析技术、智能远程控制技术、新型网络通信融合技术，面向高品质家居生活需求，凝聚健康科技。典型的智能家居系统的五大智能子系统为超级电视系统、智能办公系统、智能安防系统、智能照明系统、空气调节系统，呈现出独特的智慧交互体验。

1. 超级电视系统

如图4-3所示，超级电视系统包括超级电视、杜比音响、灯效和联动式电机控制，所有设备通过本地控制中心进行智能化管理，具备现场控制面板控制、通过云服务器进行远程控制两种管理方式，为高端用户提供定制化影音娱乐体验。在场景展示中，通过声、光、电的联动，提供让人震撼且放松的沉浸式新体验，具有画质优、音质美、智控好、颜值高4个特点。

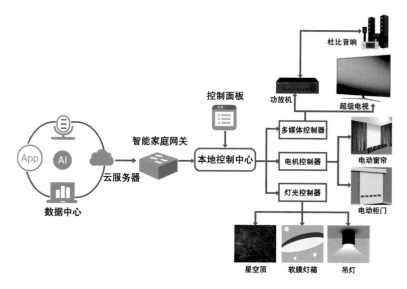

图4-3　超级电视系统框图

2. 智能办公系统

如图4-4所示，智能办公系统通过多媒体、智能产品、灯光、安防等设备间的场景化联动，可实现本地端和远程端协同智慧化办公，带给人舒适、便捷、智能化等多方位的办公体验。智能办公系统具备园区监控、信息流实时跟踪、远程会议、在线批阅、语音识别文字转换、文件共享等功能。

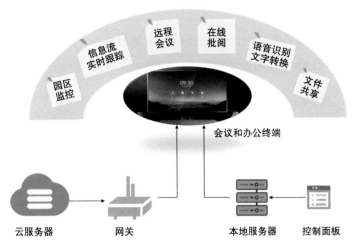

图4-4　智能办公系统框图

3.　智能安防系统

智能安防系统包含厨卫生活安全和办公安全，如图4-5所

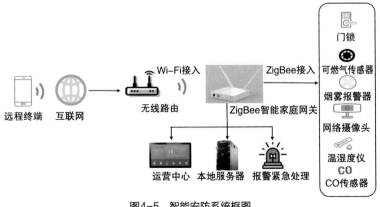

图4-5　智能安防系统框图

示。前端多种探测器通过ZigBee连接到智能家庭网关，本地服务器和运营中心进行集中管控，设计报警紧急处理通道应对紧急事故，远程终端也可以通过互联网进行监控和管理。

4. 智能照明系统

智能照明系统可在健康厨房、舒适办公、超级影音等多个主题空间应用，如图4-6所示。不同类型的灯光由灯控模块控制，灯控模块通过现场总线或局部网关与本地主机通信，后端可根据不同的应用场景对灯光进行闭合以及亮度的联合调控，整个智能照明系统通过场景化的灯光变化带给人沉浸式的舒适体验。

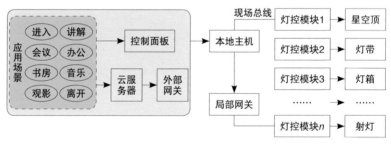

图4-6　智能照明系统框图

5. 空气调节系统

如图4-7所示，空气调节系统由空调机组、新风机组，以及加湿器等组成。通过涡轮自吸空气净化、本地语音控制、用户习惯深度分析等技术，可实时感知现场环境，自动进行温度、风速、空气质量、湿度的调节，具备空气自清新、人体舒适感应、语音智能控制等特点。

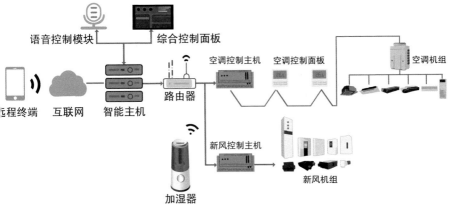

图4-7　空气调节系统框图

（四）智能家居系统交互新体验

1. 影音休闲类应用场景

智能家居系统的影音休闲类应用，结合了大尺寸超级电视技术及杜比全景声7.1.4技术，并结合星空顶等灯光联动效果，满足了人们影音休闲的生活需求，给人们带来全新的声音视觉沉浸式的舒适新体验。影音休闲类应用包含三大特色应用场景，如图4-8所示。

（1）书房场景。

在书房场景中，会触发控制中心对多媒体、电机及灯光进行控制。其中电视、功放、杜比音响关闭，书柜门和电动窗帘打开，灯光调整到70%的亮度。书房场景采用了仿生呼吸星空顶技术，软膜灯箱模拟真实的窗外的自然风光，自动化书柜联动，灯光场景自适应变化，给人带来舒适、放松的读书环境。

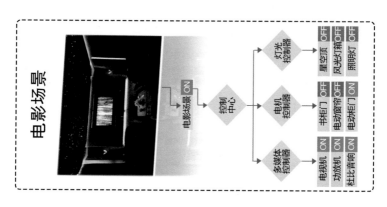

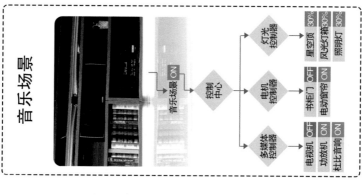

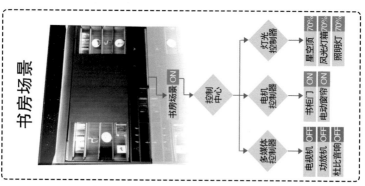

图4-8　影音休闲类三大应用场景

（2）音乐场景。

在音乐场景中，会触发控制中心对多媒体、电机及灯光进行控制。其中电视关闭，功放选择到蓝光机信号源，杜比音响打开，书柜门缓缓合上，电动窗帘打开，灯光调整到30%的昏暗亮度。音乐场景采用杜比全景声7.1.4声道，自然光感调整到人眼舒适亮度，书柜展现优美摆设，带来沉浸式的听觉享受。

（3）电影场景。

在电影场景中，会触发控制中心对多媒体、电机及灯光进行控制。其中电视打开，功放选择到电视信号源，杜比音响打开，书柜门合上，电动窗帘关闭，所有灯光依次关闭。电视柜门随着画面缓缓打开，在暗黑中彰显超级电视画质优、音质美、杜比全景声等全方位视觉、听觉体验。

2. 舒适办公类应用场景

智能家居系统舒适办公展厅通过入门体验、多功能会议、智慧办公的场景化展示，展现了在办公智能化、办公便捷化、办公安全化、办公舒适化等多方面的特色，舒适办公类应用包含四大特色应用场景，如图4-9所示。

（1）入门场景。

在入门场景中，通过采用多项精准传感技术及AI身份识别技术，自动触发进门模式灯光音乐联动，场景自适应。红外感应器感应到人进来后，会触发对红外控制模块、电机控制模块及继电开关模块的控制，投影仪关闭，音乐将会打开，电动窗帘打开并升高到70%，天花板软膜灯箱及照明灯调整到70%的亮度，变色玻璃打开变透明。

入门场景

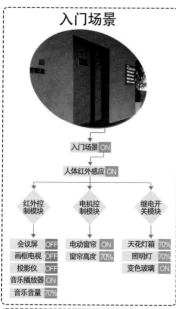

入门场景 ON

人体红外感应 ON

红外控制模块　　电机控制模块　　继电开关模块

会议屏 OFF	
画框电视 OFF	
投影仪	
音乐播放器 ON	
音乐音量 70%	

电动窗帘 ON
窗帘高度 70%

天花灯箱 70%
照明灯 70%
变色玻璃

会议场景

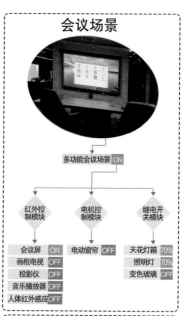

多功能会议场景 ON

红外控制模块　　电机控制模块　　继电开关模块

会议屏 ON	
画框电视 OFF	
投影仪 ON	
音乐播放器 OFF	
人体红外感应 OFF	

电动窗帘 OFF

天花灯箱 70%
照明灯 70%
变色玻璃

办公场景

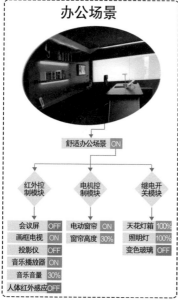

舒适办公场景 ON

红外控制模块　　电机控制模块　　继电开关模块

会议屏 OFF	
画框电视 ON	
投影仪 OFF	
音乐播放器 ON	
音乐音量 30%	
人体红外感应 OFF	

电动窗帘 ON
窗帘高度 30%

天花灯箱 100%
照明灯 100%
变色玻璃 OFF

休闲场景

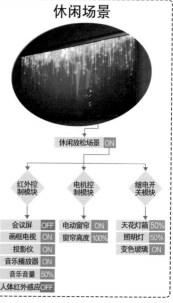

休闲放松场景 ON

红外控制模块　　电机控制模块　　继电开关模块

会议屏 OFF	
画框电视 ON	
投影仪 ON	
音乐播放器 ON	
音乐音量 50%	
人体红外感应 OFF	

电动窗帘 ON
窗帘高度 100%

天花灯箱 50%
照明灯 50%
变色玻璃 ON

图4-9　舒适办公类四大应用场景

（2）会议场景。

在多功能会议场景中，会触发对红外控制模块、电机控制模块及继电开关模块的控制。会议屏将会打开，音乐关闭，电动窗帘关闭，天花板软膜灯箱以及照明灯调整到70%的亮度，变色玻璃关闭变模糊，营造出适合进行会议的环境氛围，可满足远程会议、发言语音转文字、大屏白板、监控报警、园区数据大屏等多项高效会议功能。

（3）办公场景。

在舒适办公场景中，会触发对红外控制模块、电机控制模块及继电开关模块的控制。会议屏将会关闭，音乐打开，电动窗帘打开并升高到30%，天花板软膜灯箱以及照明灯调整到100%的亮度，变色玻璃关闭变模糊，打造出舒适的办公环境。

（4）休闲场景。

在休闲场景下，会触发对红外控制模块、电机控制模块及继电开关模块的控制。会议屏将会关闭，画框电视打开播放艺术休闲画面，音乐打开，电动窗帘打开并升高到100%，天花板软膜灯箱及照明灯调整到50%的亮度，变色玻璃打开变透明，给人带来休闲、放松的场景体验。

3. 健康生活类应用场景

厨房作为家居饮食健康区域，是生活家居的重要场景，智能家居系统结合厨电领域产品的前沿技术，展现了智慧厨房"人居舒适、安全便捷"的生活主题，健康生活类应用包含三大特色应用场景，如图4-10所示。

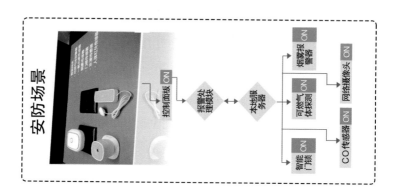

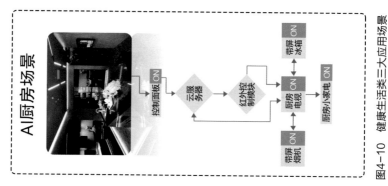

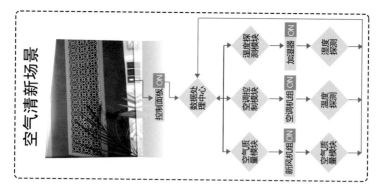

图4-10　健康生活类三大应用场景

（1）空气清新场景。

空气系统是生活家居的重要环节，结合人体感应及现场感知技术，创造厨房空间空气清新的舒适体验。在空气清新场景中，数据处理中心将会和空气质量模块、空调控制模块、湿度探测模块进行通信，从而可对新风机组、空调机组和加湿器下发调整指令，并将感知到的数据传输到数据处理中心，打造出适合家居的空气清新场景。

（2）AI厨房场景。

AI厨房结合最新厨电产品技术，通过语音入口、触感控制等方式，给人们带来智慧厨房的体验。主要以厨房电视作为主控中心，可和带屏的家电产品如抽油烟机、冰箱等进行联动操作，也可以控制非带屏的厨房小家电，所有的家电都可以通过云服务器进行远程控制及场景化设置，打造出AI厨房的新体验。

（3）安防场景。

在安防场景中，烟雾报警器、可燃气体探测器、CO传感器、智能门锁、网络摄像头等对家居进行探测及预警，通过本地服务器及时处理突发状况，并可以将警报信息同步传给管理中心，也可以远程下发到手机或者办公智能终端中，让人们在远处也可以时时监控家中的安全状态，实现了厨房生活的家居安全。

二、智能控制中心

（一）5G化智能控制中心新需求

1. 市场对新的智能控制中心的需求

目前，虽然智能家居的概念及相关产品已经有数十年的发展，但在中国广大的不动产市场中，普及率依然不是特别的高。一个重要的原因是智能家居中没有一个很好的适合交互的智能控制中心。各个厂家的智能家居控制解决方案的功能呈现出"碎片化"，目前的智能家居相关产品是由多个独立功能简单地组合在一起的产品，不论是产品的讲解用途、演示用途，还是产品的家庭用途，都很难让消费者对产品乃至智能家居的概念进行理解，更别说直接购买产品了。因而智能家居落地首先要解决的就是体验的"碎片化"问题。

目前可能作为智能控制中心的手机、电视、智能音箱等，均不能很好地提供便捷的控制方式和交互手段。同时，手机由于自身的固有缺陷，如私密性有待提高等，不适合作为家庭的控制中心，也不适合集成更多的功能在控制中心上。除了智能家居场景外，多种场景包含酒店场景、办公场景、教育场景、会议场景等，目前均无一个被用户广泛接受的控制中心方案。

2. 新一代智能控制中心

随着社会的发展，人们对居住环境的要求显著提升，对生活质量提出了更高的要求，也更倾向于健康、便捷、舒适、安全、节能的生活方式。现代科技的发展也极大地提升了未来优质生活的标准。人们希望通过一种新的智能控制中心产品，以更简单的方式实现对家庭内部电器和场景的控制，满足对教育、休闲、社交和服务等方面的需求，同时能够在一定程度上对接手机的生态系统。例如：在办公环境下，人们更注重社交、教育和办公；在酒店场景下，人们更注重休闲和服务；在交通场景下，人们更注重实现车辆与家庭的互联互通，实现在车内对家庭的远程控制。

目前，市场上已经出现了具备综合化控制功能的智能控制中心产品。智能控制中心产品作为生活中的智能化设备和智能化电器的控制中心，很好地提升了用户的使用体验，增加了使用场景，从使用场景、使用方式、互联互通等多个方面，全面改变了现代家居系统对生活的影响，将便捷、舒适、安全、健康、节能的理念引入智能家居系统的新体验中。

（二）固定形态的智能控制中心

1. 固定形态的智能控制中心的功能需求

固定形态的智能控制中心往往会应用于家庭、酒店或者办公场所。这些场所往往对整体的装修风格要求严格，同时为了防止突然出现控制设备破坏使用者习惯的现象，固定形态的智能控制中心可以选择与传统家具茶几相结合（图4-11），以固定屏幕的形式提供固定式控制，实现智能控制中心控制范围和使用范围的扩大，避免私人设备作为控制中心而产生的不便。固定形态的智能控制中心和传统家具茶几在家庭、酒店、办公等多个场景均实现完美融合。

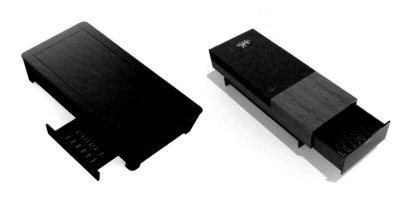

图4-11　两种与茶几结合的固定形态的智能控制中心

　　一些最新面世的智能控制中心提供多种操作模式。相对智能手机，最新面世的智能控制中心的操作模式为公共模式，方便家庭成员、会议成员或酒店客人应用智能家居系统，避免了使用者在智能手机作为智能控制中心的情况下需进行账号匹配等烦琐的操作才能获得控制系统的使用权限。用户在操作智能控制中心时，可以触控面板为输入口选择娱乐、教育、社交、办公、购物、生活等控制模式；可以通过屏幕显示和屏幕触控等方式获取更多的信息，满足更多的使用场景，操作也更加便捷。

　　智能控制中心的首要功能就是对全屋家电进行控制，其中包括对联网的智能家电和支持红外控制的非智能家电进行控制，以及对支持无线充电的智能设备进行充电。同时，作为家庭的控制中心，智能控制中心还包含触控面板，可以进行人机互动。典型的智能控制中心具备的功能如表4-1所示。

表4-1　智能控制中心的功能及介绍

序号	功能属性	功能介绍
1	家电控制功能	通过AIoT控制App和硬件，支持远场语音，以及对多品牌、多品类电器实现智能控制
2	智能语音功能	智能识别语音，以语音方式与用户交互、调取信息、控制家电
3	触控面板互动功能	搭配触控大屏，通过内置开放式的安卓系统，可以让使用者自由地按照自己的使用习惯和需求下载相关的App，可以实现安防、画画等多种功能
4	无线充电功能	支持对无线充电设备等进行快速充电，提高手机使用的便捷性
5	教育娱乐功能	集成娱乐、教育、新闻等互动内容，并在大屏上展示
6	电视直播功能	具备体育赛事、实时新闻等电视节目直播功能
7	音乐播放功能	搭配音响系统，可随时播放喜欢的音乐
8	冰柜储藏功能	能根据冰柜储藏的物品，实行一键切换冰柜的运行模式

2.　固定形态的智能控制中心的硬件架构

为了实现智能控制中心所有的功能，满足用户的各种需求，适应会客场景、娱乐场景、休闲场景、办公场景等多种场景，固定形态的智能控制中心一般包含以下硬件功能模块：核心控制主板模块、网络通信模块、无线充电模块、内置音箱模块、红外控制模块、语音采集模块、触控面板模块、内置冰柜模块、云端服务器模块等。固定形态智能控制中心的整体架构及交互方式如图4-12所示。

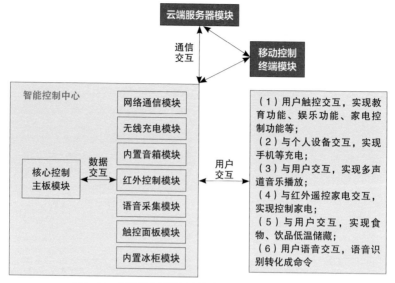

图4-12　固定形态智能控制中心的整体架构及交互方式

智能控制中心各个模块所需实现的功能如下：

（1）核心控制主板模块。

控制主板作为智能控制中心的核心控制部件，与其他模块相连接，通过有线方式和内置于智能控制中心的无线充电模块、内置音箱模块、语音采集模块、触控面板模块、内置冰柜模块等进行通信。控制主板能够以数字存储方式将用户的输入数据和智能控制中心的操作系统等进行存储。控制主板具备无线通信功能，不仅能够实现智能控制中心各个模块的交互并获得网络资源，还能够在智能控制中心通过网络以云云对接方式控制家庭内的智能家电。

（2）网络通信模块。

网络通信模块通过Wi-Fi、蓝牙、ZigBee、移动蜂窝网络等多种形式实现核心控制主板模块与互联网的交互，实现信息的上传和下载，以及触控面板模块等模块的互联网功能。

（3）无线充电模块。

无线充电模块设计加入智能控制中心，以隐藏方式置于智能控制中心表面下方，并且通过有线方式连接到控制主板。无线充电模块将控制主板的电能以无线方式传输到放置于无线充电模块上方的设备，例如手机等。在不影响智能控制中心外观的情况下，对手机等常用设备进行充电，提高生活便捷度。

（4）内置音箱模块。

内置音箱模块包含杜比声道系统，以隐藏方式内置5个或以上的声道。内置音箱模块通过有线方式与核心控制主板模块进行交互，使音频信号传输到内置音箱模块，实现音乐播放功能。图4-13为多声道的内置音箱模块架构，5个音箱分别为4个全频段音箱和1个重低音音箱。4个全频段音箱的朝向分别为智能控制中心的正方向和反方向，重低音音箱位于智能控制中心的中间位置

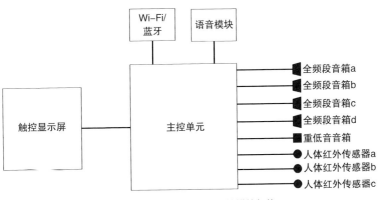

图4-13　多声道的内置音箱模块架构

朝下方向，5个音箱分别连接到智能控制中心主控单元上。智能控制中心前方、后方、左方分别有3个人体红外传感器。系统可通过人体红外传感器判断人坐的位置，从而智能地调整声道和屏幕显示方向。

（5）红外控制模块。

现在，用户家里接入的新型智能设备都是带芯片的可接入物联网的智能设备，他们利用RFID、无线数据通信等技术进行物品之间的自动识别和信息的互联与共享。然而对于家中已有的内置了红外控制功能的传统家电非智能设备，新一代集成了多种通信方式的智能控制中心还包含红外控制模块，以实现对传统家电的控制。

（6）语音采集模块。

语音采集模块以模块化设计加入智能控制中心，实现以语音方式与用户交互。语音采集模块通过有线方式连接到控制主板，对用户语音进行采集并将其提交到控制主板。集成了语音采集模块后的智能控制中心，不仅是智能设备的控制中心，还是影音娱乐中心，可随时语音交互应答、看视频、听音乐、进行游戏娱乐等。

（7）触控面板模块。

触控面板的表面覆盖了可触控玻璃，不仅可以保护屏幕，还可通过电容介质实现触控面板的触控交互。触控面板以有线通信方式与控制主板进行通信，可以通过控制软件对全屋家电进行控制；可以通过控制主板连接互联网下载所需的应用程序，实现多种应用程序在交互界面上运行；可以通过安装棋牌类游戏、微信和抖音等热门应用，实现家庭的娱乐社交；可以通过安装教育类程序，实现家庭青少年的教育。

（8）内置冰柜模块。

内置冰柜模块（图4-14）以模块化设计加入智能控制中心。内置冰柜模块通过数据总线与核心控制主板模块进行通信，可以实现一键切换冰柜运行模式，每种模式均提供对应的柜内温度和湿度。内置冰柜作为储藏设备，可以提供适宜的环境存放水果、饮料、茶叶或酒类等。

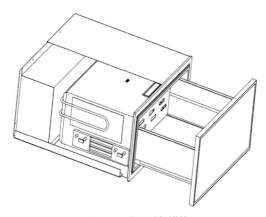

图4-14　内置冰柜模块

（9）云端服务器模块。

通过云端服务器模块分析由核心控制主板模块上传到网络的语音，获得用户语音信息的含义，再将所分析的结果传输到各个模块实现指令的下放，满足用户的语言控制需求。语音采集模块可以提供便捷的交互模式，让用户不需触控，通过语音来控制与智能控制中心连接的智能家庭设备。同时云端服务器通过对用户的使用习惯、使用方式及必要的用户信息进行学习和记录，更好地为用户提供良好的使用体验，实现智能化交互方式。

3. 固定形态的智能控制中心的交互模式

在家庭环境、酒店环境或办公环境中,通过固定形态的智能控制中心对家电进行控制,流程如图4-15所示。首先用户在固定形态的智能控制中心输入命令,输入方式可以分为对触控面板触控操作或语音命令操作。当智能控制中心成功地将命令采集后,用户命令将会传输到核心控制主板模块,核心控制主板模块负责分析命令。如果发出的命令为家电控制命令,则对所需要控制的家电类型进行判断。如果所需控制的家电为智能设备,则相关命令通过智能控制中心的网络通信模块上传到云端服务器,通过云端服务器将命令下达到家电。如果所需控制的家电为非智能设备,则智能控制中心将命令传输到红外控制模块,通过红外控制模块将命令转为红外码,以红外传输的方式对家电下达命令。

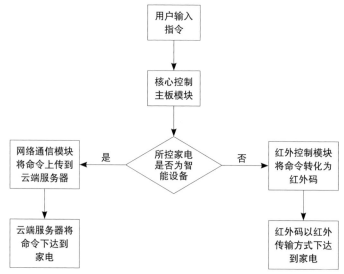

图4-15　固定形态的智能控制中心对家电进行控制的流程

（三）移动形态的智能控制中心

虽然固定形态的智能控制中心以其优异的外形融入家庭生活，但其主要的应用场景是在客厅。而在房间的其他地方甚至室外，是无法方便地使用固定形态的智能控制中心的。因此，在智能控制中心的整体方案中，除了固定形态的智能控制中心，还需要移动形态的智能控制中心，方便随身携带，以便在各个场景中使用。

手机由于其强大的功能，被多家厂商定义为家庭的移动智能控制中心，但是手机由于其隐私性，往往不适合家庭成员间共用。因此，真正能够被家庭接受的移动智能控制中心通常以平板电脑或智能遥控器的形式提供移动式控制服务，如图4-16所示。

（a）平板电脑形式　　　　　（b）智能遥控器形式

图4-16　两款移动端的智能控制中心

移动形态的智能控制中心以移动控制的形式依附于整个智能控制中心解决方案体系上，同时其也是一款独立的可以对家电进行控制、与用户进行交互的设备。所以，移动形态的智能控制中心必须包含多种通信模块，以实现远距离通信和控制的功能，扩大使用范围，避免固定形态的智能控制中心的使用局限。只要在有网络的地方，移动形态的智能控制中心就可以对智能设备进行控制，这展现了未来智能家居系统的发展方向。

移动形态的智能控制中心作为能够独立进行语音命令识别、用户交互、指令下达的设备，同样具有多种模块，如表4-2所示。首先必须具备强大的核心控制主板模块，分析各种命令。用户通过触控面板模块进行命令下达及将智能控制中心的处理信息反馈到屏幕上，供用户观看；或者通过语音采集模块将用户的语音命令传到核心控制主板模块，由核心控制主板模块上传到云端服务器模块进行分析，将所需操作反馈到各个模块。移动形态的智能控制中心对家电进行控制的流程与固定形态的智能控制中心对家电进行控制的流程基本相同。

表4-2　移动形态的智能控制中心的主要模块及其功能介绍

序号	主要模块	功能介绍
1	核心控制主板模块	对智能控制中心的操作命令进行分析与执行，与其他模块及外部设备均有交互
2	触控面板模块	主要用户交互模块之一，与核心控制主板模块双向通信，具有与用户进行触控交互及显示交互等功能
3	语音采集模块	主要用户交互模块之一，与核心控制主板模块单向通信，对用户语音命令进行采集

续表

序号	主要模块	功能介绍
4	云端服务器模块	负责分析用户的语音命令，通过云云对接方式对智能家电进行控制
5	红外控制模块	与核心控制主板模块单向通信，通过红外遥控对家电进行控制，实现交互功能，提升用户的使用便捷性
6	网络通信模块	与核心控制主板模块进行双向通信；与互联网对接，使智能控制中心接入网络

（四）智能控制中心系统的未来

在当前的科技发展情况下，移动形态和固定形态的智能控制中心都能够很方便地进入用户家里，并且融入用户的使用习惯。然而，由于现阶段科技的限制，智能控制中心的很多模块往往比较大，需要被集成到较大型的设备中，如与茶几结合的固定形态的智能控制中心或平板电脑移动形态的智能控制中心。同时由于设备的耗电量往往较大，需要以固定电源或者内置锂电池的方式供电。但随着科技的发展，未来的电子元件将会极大地缩小，功耗也将会大幅地降低，配合未来的VR/AR技术、柔性材料技术、5G高速通信技术、高容量电池技术等，未来必将会出现可穿戴式的智能控制中心。可穿戴式的智能控制中心，例如手环，被用户穿戴在身上，用户只要一抬手，就可以通过触控或者语音对手环下达命令，手环分析用户命令后将相应的指令通过5G技术上传到云端服务器，云端服务器直接对相关的设备进行控制。用户除了可以随时随地对家庭的电器进行控制外，还可以实时地对家庭的安防摄像头进行查看。

在更远的未来，随着脑机接口技术的成熟，也许未来的智能控制中心系统可以直接通过可穿戴设备接收用户的脑部脑电波，用户只要想一想命令，不需要触控，不需要语音，就可以对电器进行指令下达。在未来技术发达的时代，智能控制中心系统将会是每个人身边必不可少的一款产品。

参 考 文 献

安蔚，2019．社区治理的5G智慧［J］．决策（2）：46-49．

白林丰，杜恩龙，2018．语音交互技术重构出版［J］．科技与
　　出版（2）：49-53．

陈伟斌，2017．浅析"新零售"发展现状及趋势［J］．现代营
　　销（3）：5．

邓雅静，2019．品牌升级，创维Swaiot开启大屏AIoT时代［J］．
　　电器（4）：77．

范庆炀，2016．基于云的智能家居系统设计与实现［D］．长
　　春：吉林大学．

谷碧玲，2019．5G关键技术及其对物联网的影响［J］．无线互
　　联科技，16（07）：30-31．

郭丽芳，郭朝峰．2019．5G东风催化VR/AR行业应用快速发展与
　　落地［J］．中国电信业（4）：58-61．

胡婉婷，2019．AI时代下智慧家居市场需求与消费者认同研究
　　［J］．消费导刊（49）：2．

黄志杰，余国伟，2019．浅析5G时代对智能家居的影响与发展
　　［J］．数码世界（2）：17-18．

鞠鑫哲，2019．5G+8K无线家庭娱乐的新方向辨析［J］．通讯
　　世界，26（10）：112-113．

李慧，2019．苏宁：以智慧零售助推消费升级［N］．光明日
　　报，02-27（10）．

李雪林，2018．基于人机互动的语音识别技术综述［J］．电子世界（21）：105．

刘洁，王庆扬，林奕琳，2018．5G网络中的移动VR应用［J］．电信科学，34（10）：143-149．

刘丽娜，2011．物联网引领智能家居新生活［J］．智能建筑与城市信息（2）：21-25．

刘荣辉，彭世国，刘国英，2014．基于智能家居控制的嵌入式语音识别系统［J］．广东工业大学学报（2）：49-53．

刘萧，2006．语音识别系统关键技术研究［D］．哈尔滨：哈尔滨工程大学．

刘旭，2016．传感器在智能家居中的应用和发展［J］．智能城市（11）：76．

路甬祥，2005．21世纪中国制造业面临的挑战与机遇［J］．机械工程师（1）：9-13．

马祖长，孙怡宁，梅涛，2004．无线传感器网络综述［J］．通信学报，25（4）：114-124．

孟兆生，2019．5G智慧园区引领行业潮流［J］．城市开发（18）：24-25．

彭洪明，2012．智能家居的体系结构及关键技术研究［D］．北京：北京交通大学．

任军，2019．8K超高清电视技术发展现状及趋势分析［J］．电视技术，43（17）：11-13．

绍骏，2019．5G开启智能家居时代［J］．消费指南（5）：41-43．

覃京燕，2015．大数据时代的大交互设计［J］．包装工程，36（8）：1-5.

唐蕾，李黎，孙振忠，等，2019．基于工业互联网的家具行业云平台技术架构研究［J］．家具与室内装饰（12）：71-76.

田莉，2011．物联网在智能家居领域应用展望［J］．通信与信息技术（02）：74-77.

王桂英，王曦泽，杨灿，等，2019．面向5G智慧园区的云办公创新应用［C］// TD产业联盟，移动通信杂志社．5G网络创新研讨会（2019）论文集．广州：移动通信杂志社：344-349.

王华安，2017．新技术促进智能家居行业再变革［J］．中国公共安全（6）：28-32.

王佳宁，刘巍，2016．大数据时代下的物联网发展［J］．通讯世界，22（5）：52-53.

王亚晶，张永艳，2019．基于5G的智慧社区管理系统［J］．电子技术与软件工程（13）：5.

王哲，李雅琪，冯晓辉，2019．AIoT领域发展态势与展望［J］．人工智能（1）：10-18.

徐烁，麦启明，2011．智能家居的手机网络控制系统设计及应用［J］．机电技术（3）：109-111.

许晓萍，林宇，2019．AI+智能家居技术及其趋势［J］．数字通信世界（1）：65.

尤肖虎，潘志文，高西奇，等，2014．5G移动通信发展趋势与若干关键技术［J］．中国科学：信息科学，44（05）：551-563.

余世平，2019．基于5G移动通信技术的物联网应用分析［J］．
  电子世界（3）：174–176．

岳敬华，2014．基于云服务的智能家居系统的研究与设计
  ［D］．杭州：杭州电子科技大学．

张云勇，2019．5G将全面使能工业互联网［J］．电信科学，35
  （1）：1–8．

后记

　　5G是一场技术的革命性飞跃，为万物互联提供了重要的技术支撑，将带来移动互联网、产业互联网的繁荣，为众多行业提供前所未有的机遇，有望引发整个社会的深刻变革。什么是5G呢？5G将如何赋能各个行业，并促进新一轮的产业革命？这些都可以从"5G的世界"这套丛书中寻找到答案。本套丛书首期包括5个分册。

　　《5G的世界　万物互联》分册由华南理工大学广东省毫米波与太赫兹重点实验室主任薛泉主编，主要阐述移动通信技术迭代发展的历史、前四代移动通信技术的特点和局限性、5G的技术特点及其可能的行业应用前景，以及5G之后移动通信技术的发展趋势等。阅读此分册，读者可以领略一幅编者精心描摹的有关5G的前世今生及未来应用图景。

　　《5G的世界　智能制造》分册由广州汽车集团股份有限公司汽车工程研究院的郭继舜博士主编，主要介绍工业革命的发展历程、5G给制造业带来的契机、5G助力智能制造的升级，以及基于5G的智能化生产应用等。在这一分册里，读者可以了解5G+智能制造为传统制造业转型带来的机遇，体会制造创新将会给社会带来一场怎样的革命。

　　《5G的世界　智慧医疗》分册由南方医科大学黄文华、林海滨主编，主要聚焦5G与医疗融合的效应，内容包括智慧医疗与传统医疗相比所具备的优势、5G如何促进智慧医疗发展，以及融入5G的智慧医疗终端和新型医疗应用等。从字里行间，读者可以全面了解5G技术在医疗行业中的巨大应用潜力，切身感受科技进步为人类健康带来的福祉。

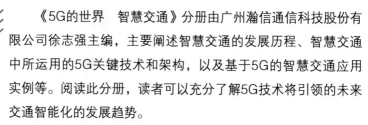

　　《5G的世界　智慧交通》分册由广州瀚信通信科技股份有限公司徐志强主编，主要阐述智慧交通的发展历程、智慧交通中所运用的5G关键技术和架构，以及基于5G的智慧交通应用实例等。阅读此分册，读者可以充分了解5G技术将引领的未来交通智能化的发展趋势。

　　《5G的世界　智能家居》分册由创维集团有限公司吴伟主编，主要阐述智能家居的演进、5G助力家居生活智能化发展的关键技术，以及基于5G技术的智能家居创新产品等。家居与我们的日常生活息息相关，阅读这一分册，读者可以零距离感受5G和智能家居的融合为我们的生活带来的便捷与舒适。对于高科技创造出来的美好生活，读者可以在这里一窥究竟。

　　最后，特别鸣谢国家科技部重点研发计划项目"兼容C波段的毫米波一体化射频前端系统关键技术（2018YFB1802000）"、广东省科技厅重大科技专项"5G毫米波宽带高效率芯片及相控阵系统研究（2018B010115001）"、中国工程科技发展战略广东研究院战略咨询项目"广东新一代信息技术发展战略研究（201816611292）"等项目对本套丛书的资助。

　　5G以前所未有的速度和力度带来技术的变革、行业的升级、社会的巨变，也带来极大的挑战，让我们在5G的浪潮中御风而行吧。

2020年7月